住房和城乡建设部标准定额研究所　　建设工程造价技术资料

市政工程消耗量

ZYA 1−31−2021

第六册　水处理工程

SHIZHENG GONGCHENG XIAOHAOLIANG
DI-LIU CE SHUICHULI GONGCHENG

中国计划出版社
北　京

图书在版编目（CIP）数据

市政工程消耗量 ：ZYA1-31-2021. 第六册，水处理工程 / 住房和城乡建设部标准定额研究所组织编制. -- 北京 ：中国计划出版社，2022.2
ISBN 978-7-5182-1371-9

Ⅰ. ①市… Ⅱ. ①住… Ⅲ. ①市政工程－消耗定额－中国②水处理－市政工程－消耗定额－中国 Ⅳ. ①TU723.34②TU991.2

中国版本图书馆CIP数据核字(2021)第235410号

责任编辑：陈　飞　　　封面设计：韩可斌
责任校对：杨奇志　谭佳艺　　　责任印制：赵文斌　李　晨

中国计划出版社出版发行
网址：www.jhpress.com
地址：北京市西城区木樨地北里甲11号国宏大厦C座3层
邮政编码：100038　电话：(010)63906433(发行部)
北京市科星印刷有限责任公司印刷

880mm×1230mm　1/16　13印张　400千字
2022年2月第1版　2022年2月第1次印刷

定价：90.00元

前　　言

工程造价是工程建设管理的重要内容。以人工、材料、机械消耗量分析为基础进行工程计价，是确定和控制工程造价的重要手段之一，也是基于成本的通用计价方法。长期以来，我国建立了以施工阶段为重点，涵盖房屋建筑、市政工程、轨道交通工程等各个专业的计价体系，为确定和控制工程造价、提高我国工程建设的投资效益发挥了重要作用。

随着我国工程建设技术的发展，新的工程技术、工艺、材料和设备不断涌现和应用，落后的工艺、材料、设备和施工组织方式不断被淘汰，工程建设中的人材机消耗量也随之发生变化。2020 年我部办公厅发布《工程造价改革工作方案》（建办标〔2020〕38 号），要求加快转变政府职能，优化概算定额、估算指标编制发布和动态管理，取消最高投标限价按定额计价的规定，逐步停止发布预算定额。为做好改革期间的过渡衔接，在住房和城乡建设部标准定额司的指导下，我所根据工程造价改革的精神，协调 2015 年版《房屋建筑与装饰工程消耗量定额》《市政工程消耗量定额》《通用安装工程消耗量定额》的部分主编单位、参编单位以及全国有关造价管理机构和专家，按照简明适用、动态调整的原则，对上述专业的消耗量定额进行了修订，形成了新的《房屋建筑与装饰工程消耗量》《市政工程消耗量》《通用安装工程消耗量》，由我所以技术资料形式印刷出版，供社会参考使用。

本次经过修订的各专业消耗量，是完成一定计量单位的分部分项工程人工、材料和机械用量，是一段时间内工程建设生产效率社会平均水平的反映。因每个工程项目情况不同，其设计方案、施工队伍、实际的市场信息、招投标竞争程度等内外条件各不相同，工程造价应当在本地区、企业实际人材机消耗量和市场价格的基础上，结合竞争规则、竞争激烈程度等参考选用与合理调整，不应机械地套用。使用本书消耗量造成的任何造价偏差由当事人自行负责。

本次修订中，各主编单位、参编单位、编制人员和审查人员付出了大量心血，在此一并表示感谢。由于水平所限，本书难免有所疏漏，执行中遇到的问题和反馈意见请及时联系主编单位。

住房和城乡建设部标准定额研究所

2021 年 11 月

总 说 明

一、《市政工程消耗量》(以下简称本消耗量),共分十一册,包括:

第一册 土石方工程

第二册 道路工程

第三册 桥涵工程

第四册 隧道工程

第五册 市政管网工程

第六册 水处理工程

第七册 生活垃圾处理工程

第八册 路灯工程

第九册 钢筋工程

第十册 拆除工程

第十一册 措施项目

二、本消耗量适用于城镇范围内的新建、扩建和改建市政工程。

三、本消耗量以国家和有关部门发布的国家现行设计规范、施工验收规范、技术操作规程、质量评定标准、产品标准和安全操作规程,现行工程量清单计价规范、计算规范和有关指标为依据编制,并参考了有关地区和行业标准、指标,以及典型工程设计、施工和其他资料。

四、本消耗量按正常施工工期和施工条件,考虑企业常规的施工工艺,合理的施工组织设计进行编制。

1. 设备、材料、成品、半成品、构配件完整无损,符合质量标准和设计要求,附有合格证书和试验记录。

2. 正常的气候、地理条件和施工环境。

五、本消耗量未包括的项目,可按其他相应工程消耗量计算,如仍有缺项的,应编制补充消耗量。

六、关于人工:

1. 本消耗量中的人工以合计工日表示,并分别列出普工、一般技工和高级技工的工日用量。

2. 本消耗量中的人工包括基本用工、超运距用工、辅助用工和人工幅度差。

3. 本消耗量中的人工每工日按 8 小时工作制计算。

4. 机械土石方、桩基础、构件运输及安装等工程,人工随机械产量计算的,人工幅度差按机械幅度差计算。

七、关于材料:

1. 本消耗量中的材料(包括构配件、零件、半成品、成品)均为符合国家质量标准和相应设计要求的合格产品。

2. 本消耗量中的材料包括施工中消耗的主要材料、辅助材料、周转材料和其他材料。

3. 本消耗量中的材料用量包括净用量和损耗量。损耗量包括:从工地仓库、现场集中堆放地点(或现场加工地点)至操作(或安装)地点的施工场内运输损耗、施工操作损耗、施工现场堆放损耗等,规范(设计文件)规定的预留量、搭接量不在损耗率中考虑。

4. 本消耗量中的混凝土、沥青混凝土、砌筑砂浆、抹灰砂浆及各种胶泥等均按半成品用量以体积(m^3)表示,混凝土按运至施工现场的预拌混凝土编制,砂浆按预拌砂浆编制,消耗量中的混凝土均按自然养护考虑。

5. 本消耗量中所使用的混凝土均按预拌混凝土编制,若实际采用现场搅拌混凝土浇捣时,人工、材料、机械具体调整如下:

(1)合计工日增加 4.125 工日 /$10m^3$,其中普工增加 1.237 工日 /$10m^3$,一般技工增加 2.888 工日 /$10m^3$。

（2）水增加 0.38m^3/10m^3。

（3）双锥反转出料混凝土搅拌机（500L）增加 0.3 台班 /10m^3。

6. 本消耗量中所使用的砂浆均按干混预拌砂浆编制，若实际使用现拌砂浆或湿拌预拌砂浆时，按以下方法调整：

（1）使用现拌砂浆的，除将干混预拌砂浆调换为现拌砂浆外，砌筑项目按每立方米砂浆增加：一般技工 0.382 工日、200L 灰浆搅拌机 0.167 台班，同时，扣除原干混砂浆罐式搅拌机台班；其余项目按每立方米砂浆增加一般技工 0.382 工日，同时，将原干混砂浆罐式搅拌机调换为 200L 灰浆搅拌机，台班含量不变。

（2）使用湿拌预拌砂浆的，除将干混预拌砂浆调换为湿拌预拌砂浆外，另按相应项目中每立方米砂浆扣除人工 0.20 工日，并扣除干混砂浆罐式搅拌机台班数量。

7. 本消耗量中的周转性材料按不同施工方法，不同类别、材质，计算出一次摊销量进入消耗量。

8. 本消耗量中的用量少、低值易耗的零星材料，列为其他材料。

八、关于机械：

1. 本消耗量中的机械按常用机械、合理机械配备和施工企业的机械化装备程度，并结合工程实际综合确定。

2. 本消耗量的机械台班用量是按正常机械施工工效并考虑机械幅度差综合取定的。

3. 凡单位价值 2 000 元以内、使用年限在一年以内的不构成固定资产的施工机械，不列入机械台班消耗量，作为工具用具在建筑安装工程费中的企业管理费考虑，其消耗的燃料动力等列入材料。

九、本消耗量中的工作内容已说明了主要的施工工序，次要工序虽未说明，但已包括在内。

十、施工与生产同时进行、在有害身体健康的环境中施工时的降效增加费，本消耗量未考虑，发生时另行计算。

十一、本消耗量适用于海拔 2 000m 以下地区，超过上述情况时，可以采用由各地区、部门结合高原地区的特殊情况自行制定的调整办法。

十二、本消耗量中注有“× × 以内”或“× × 以下”及“小于”者，均包括 × × 本身；注有“× × 以外”或“× × 以上”及“大于”者，则不包括 × × 本身。

说明中未注明（或省略）尺寸单位的宽度、厚度、断面等，均以“mm”为单位。

十三、凡本说明未尽事宜，详见各册、各章说明和附录。

册　说　明

一、第六册《水处理工程》(以下简称本册)包括水处理构筑物、水处理设备、措施项目,共三章。

二、本册适用于全国城乡范围内新建、改建和扩建的净水工程的取水、净水厂、加压站;排水工程的污水处理厂、排水泵站工程及水处理专业设备安装工程。

三、本册的主要编制依据:

1.《市政工程消耗量定额》ZYA 1-31-2015;

2.《建设工程劳动定额　市政工程》LD/T 99.1—2008;

3.《市政工程工程量计算规范》GB 50857—2013;

4. 相关省、市、行业现行的市政预算定额及基础资料;

5. 现行的市政工程设计、施工验收规范,安全操作规程,质量评定标准等。

四、本册除另有说明外,各项目中已包括材料、成品、半成品、设备机具自工地现场指定堆放地点运至操作安装地点的场内水平和垂直运输。因施工现场环境、场地条件限制不能将材料或设备直接运到施工操作安装地点,必须进行二次运输或转堆时,在施工组织设计获得批准后可计算重复装卸、运输费用。

五、本册说明未尽事宜见各章节说明。

目　　录

第一章　水处理构筑物

第二章　水处理设备

第三章　措 施 项 目

第一章　水处理构筑物

说　　明

一、本章包括沉井、混凝土池类及其他混凝土构件，滤料铺设，变形缝，防水防腐，井、池渗漏试验等构筑物项目，适用于新建、改建和扩建的以市政工程为主体的市政水处理构筑物，包括市政广场、枢纽中的水处理构筑物；以建筑工程为主体的建筑物和建筑小区中的构筑物可执行《房屋建筑与装饰工程消耗量》TY 01–31–2021 相应项目。

二、构筑物及构筑物装饰分别执行本章及市政桥涵工程相关项目，构筑物装饰子目不足的，可参照《房屋建筑与装饰工程消耗量》执行。水处理厂、站内的建筑物，可执行《房屋建筑与装饰工程消耗量》相应项目。凡构筑物上存在建筑物的，在建筑物水平投影范围内，包括地面装饰执行《房屋建筑与装饰工程消耗量》TY 01–31–2021 相应项目。

在建筑物内与水处理工艺相关的池、井执行本章相应项目。在建筑物内的各类沟、槽执行《房屋建筑与装饰工程消耗量》TY 01–31–2021 相应项目。

构筑物上有上部建筑的，构筑物与上部建筑的划分以构筑物池结构顶设计标高为界。

三、水处理构筑物中的刚性防水、柔性防水、变形缝、防水防腐等项目执行本章相应项目，不足项目执行《房屋建筑与装饰工程消耗量》TY 01–31–2021 相应项目。

四、本章其他不足项目，执行其他相应项目：

1. 水泥土搅拌桩截水帷幕执行第二册《道路工程》相应项目。

2. 泥浆运输执行第三册《桥涵工程》相应项目。

3. 钢筋、铁件执行第九册《钢筋工程》相应项目。

4. 混凝土楼梯、金属扶梯、栏杆执行《房屋建筑与装饰工程消耗量》TY 01–31–2021 相应项目。

5. 防水套管制作与安装执行《通用安装工程消耗量》TY 02–31–2021 相应项目。

五、构筑物混凝土未包括外加剂，设计要求使用外加剂时，可根据其种类和设计掺量另行计算。

六、构筑物混凝土项目按照泵送混凝土编制，未包括泵管安拆、使用费用，发生时执行第三册《桥涵工程》相应项目。实际采用非泵送混凝土施工时，混凝土场内运输费用另行计算。

七、各节有关说明。

1. 沉井：

（1）沉井下沉区分人工、机械挖土，分别按下沉深度 8m、12m 以内陆上排水下沉施工方式编制，下沉期间的排水降水措施执行第十一册《措施项目》相应项目。采用不排水下沉等其他施工方法及下沉深度不同时，执行第四册《隧道工程》相应项目。

（2）沉井下沉项目已综合考虑了沉井下沉的纠偏因素，不另计算。

（3）沉井洞口处理采用高压旋喷水泥桩和压密注浆加固的，执行第二册《道路工程》相应项目，人工、机械乘以系数 1.10。

（4）钢板桩洞口处理项目适用于本册的顶管工作井、接收井采用沉井方法施工顶进管涵穿越井壁洞口时的加固支护。钢板桩洞口处理项目已综合考虑土的类别和钢板桩型，钢板桩桩长按 12m 以内考虑，项目中已包含钢板桩打入和拔除的工作内容，不得再重复计算。

（5）深层搅拌水泥桩洞口处理项目适用于本册采用沉井方法施工的给排水管、涵顶管工作井、接收井穿越井壁洞口加固支护。搅拌桩洞口处理已综合考虑了加固施工作业特点以及在地下市政管线中施工的降效等因素。

深层搅拌水泥桩洞口处理项目桩径不论大小，均按本项目执行。本项目的水泥掺量按 13% 取定，设计水泥用量不同时，水泥用量可按实调整，水泥施工损耗率按 2% 计取，其他工料机不变。

（6）毛石混凝土按毛石占混凝土体积的 15% 计算，如设计要求毛石比例不同时，可以换算，其他工料机不变。

（7）井底填心铺设土工布执行第二册《道路工程》相应项目。

（8）沉井采用混凝土干封底、水下混凝土封底时，执行第四册《隧道工程》相应项目。

2. 池类：

（1）格形池格数大于或等于 6 且每格长度和宽度小于或等于 3m 时，池壁执行同壁厚的直型池壁项目，人工乘以系数 1.15，其他不变。

（2）池壁挑檐是指在池壁上向外出檐作走道板用；池壁牛腿是指池壁上起承托作用的出挑结构。

（3）后浇带项目已综合钢丝网相应含量，不另计算。后浇带模板执行本册第三章“措施项目”中相应后浇带模板项目。

（4）无梁盖柱包括柱帽及柱基。

（5）井字梁、框架梁均执行连续梁项目。

（6）截面在 200mm × 200mm 以内的混凝土柱、梁执行小型柱、梁项目。

（7）混凝土、砖砌圆形人孔井筒附属配套的钢筋混凝土井盖、井圈制作以及铸铁、复合材料等定型成品标准件井盖、井座安装项目，执行第五册《市政管网工程》相应项目；井筒壁内外防水抹面执行本册防水项目。

（8）现浇混凝土滤板项目中已包含 ABS 塑料一次性模板的使用量，不得另行计算。

（9）排水盲沟执行第二册《道路工程》相应项目。

（10）悬空落泥斗按落泥斗相应项目人工乘以系数 1.40，其他不变。

（11）异型填充混凝土项目适用于各类池槽底、壁板等构件由工艺设计要求所设置的特定断面形式填料层。

（12）砖砌项目按标准砖 240mm × 115mm × 53mm 规格编制，轻质砌块、多孔砖规格按常用规格编制。使用非标准砖时，其砌体厚度应按实际规格和设计厚度计算，按材质分类、换算。

（13）预制混凝土槽项目中已包含所需预埋的塑料集水短管的人工及材料消耗量，实际不同时，塑料集水短管消耗量可以调整，其他不变。集水槽若需留孔时，按每 10 个孔增加 0.3 工日。

（14）预制混凝土滤板项目中已包含所需要预埋的 ABS 塑料滤头套箍的人工和材料消耗量，滤头套箍的数量可按实调整。

3. 防水防腐：构筑物防水防腐材料的种类、厚度、设计要求与项目取定不同时，材料可以换算，其他不变。

（1）修平涂层均系按 2mm 考虑。若设计采用不同型号产品时，可以进行换算，配制损耗率 1%；厚度不同时，材料用量可以换算，人工不变。

（2）每遍漆干膜厚度均系按 0.2mm 考虑。实际防腐涂层与本项目取定不同时，材料用量可以换算，配制损耗率 1%，其他不变。

4. 变形缝：

（1）各种材质填缝的断面尺寸取定如下表。

断面尺寸取定表

序号	项目名称	断面尺寸（宽 × 厚）（mm）
1	建筑油膏、聚氯乙烯胶泥	30 × 20
2	油浸木丝板	150 × 25
3	紫铜板止水带	450（展开宽）× 2
4	钢板止水带	400（展开宽）× 3
5	氯丁橡胶止水带	300（展开宽）× 2
6	其余	150 × 30

（2）如实际设计的变形缝断面与上表不同时，材料用量可以换算，其他不变。

5. 井、池渗漏试验：

（1）井、池渗漏试验容量 $500m^3$ 以内项目适用于井或小型池槽。

（2）井、池渗漏试验注水按电动单级离心清水泵编制，项目中已包括了泵的安装与拆除用工，不得再另计。

工程量计算规则

一、沉井：

1. 沉井垫木按刃脚中心线以长度计算。

2. 同一侧沉井井壁及隔墙结构设计采用变截面断面时，按平均厚度以体积计算。

3. 沉井砂石料、混凝土填心的工程量，按设计图纸或批准的施工组织设计计算。

4. 沉井下沉人工（机械）开挖按刃脚外壁所围面积乘以下沉深度以体积计算。

5. 钢板桩洞口处理依据设计图纸或批准的施工组织设计，按设计贯入土深度及断面以质量计算。

6. 搅拌桩洞口处理依据设计图纸或批准的施工组织设计注明的加固深度以长度计算。

二、池类：

1. 各类混凝土构件按设计图示尺寸，以混凝土实际体积计算，不扣除混凝土构件内钢筋、预埋件及墙、板中单孔面积 $0.3m^2$ 以内的孔洞体积。

2. 平池底的池底体积，应包括池壁下与底板相连的扩大部分（腋角）；池底带有斜坡的，斜坡部分应按坡底计算；锥形底应算至壁基梁底面，无壁基梁者算至锥底坡的上口。

3. 池壁结构设计采用变截面断面时，按平均厚度以体积计算。池壁高度以自池底板顶面算至池盖底面。池壁与池壁转角处设计图纸加设腋角的，其体积并入池壁计算。

4. 无梁盖柱的柱高，以自池底顶面算至池盖底面，并包括柱座、柱帽的体积。

5. 现浇混凝土整体滤板，按板厚乘以面积以体积计算，不扣除预埋滤头套箍所占体积，与整体滤板连接的梁、柱执行梁、柱相应项目。

6. 无梁盖应包括与池壁相连的扩大部分（腋角）体积；肋形盖应包括主次梁及盖部分的体积，球形盖应自池壁顶面以上，包括侧梁的体积在内。

7. 沉淀池水槽系指池壁上的环形溢水槽及纵横 U 形水槽，不包括与水槽相连的矩形梁，矩形梁执行梁的相应项目。

8. 砖砌体厚度按以下规则计算：

（1）标准砖尺寸以 240mm × 115mm × 53mm 为准，其砌体厚度按下表计算。

标准砖砌体计算厚度表

砖数（厚度）	1/4	1/2	3/4	1	1.5	2	2.5	3
计算厚度（mm）	53	115	180	240	365	490	615	740

（2）使用非标准砖时，其砌体厚度应按砖实际规格和设计厚度计算。

9. 预制钢筋混凝土滤板，按板厚乘以面积以体积计算，不扣除预埋滤头套箍所占体积。

10. 除预制钢筋混凝土滤板外其他预制混凝土构件均按图示尺寸以体积计算，不扣除 $0.3m^2$ 以内的孔洞体积。

11. 本章预制混凝土构件运输及安装损耗率，在预制钢筋混凝土构件项目消耗量中未列计的，按照下表规定计算后并入构件工程量内。

预制钢筋混凝土构件运输、安装损耗率表

名称	运输堆放损耗率	安装损耗率
各类预制构件	0.8%	0.5%

三、滤料铺设：

1. 锰砂滤料以质量计算，其他各种滤料铺设均按设计要求的铺设面积乘以厚度以体积计算。

2. 尼龙网板制作与安装以面积计算。

四、防水防腐工程：

1. 各种防水层、防腐涂层按设计图示尺寸以面积计算，不扣除 $0.3m^2$ 以内的孔洞所占面积。

2. 平面与立面交接处的防水层，其上卷高度超过 500mm 时，按立面防水层计算。

五、变形缝：各种材质的变形缝填缝及盖缝均不分断面按设计图示尺寸以长度计算。

六、井、池渗漏试验：井、池的渗漏试验区分井、池的容量范围，按灌入井、池的水容量以体积计算。

一、现浇混凝土沉井井壁及隔墙

1. 沉井垫木、灌砂

工作内容: 人工挖槽弃土,铺砂、洒水、夯实,铺设和抽除垫木,回填砂。 **计量单位:** 100m

编号			6-1-1
项目			垫木
名称		单位	消耗量
人工	合计工日	工日	26.503
	其中 普工	工日	10.601
	其中 一般技工	工日	15.902
材料	砂子(中粗砂)	m^3	90.392
	板枋材	m^3	0.966
	电	kW·h	18.320
	水	m^3	18.260

工作内容: 1. 灌砂:人工装、运、卸砂,人工灌、捣砂。
2. 砂垫层:平整基坑、运砂、分层铺平、浇水、捣实。
3. 混凝土垫层:浇捣、养护、凿除混凝土垫层。 **计量单位:** $10m^3$

编号			6-1-2	6-1-3	6-1-4
项目			灌砂	砂垫层	刃脚混凝土垫层
名称		单位	消耗量		
人工	合计工日	工日	5.964	5.360	10.031
	其中 普工	工日	2.385	4.288	4.012
	其中 一般技工	工日	3.579	1.072	6.019
材料	预拌混凝土 C15	m^3	—	—	10.100
	砂子(中粗砂)	m^3	10.894	12.903	—
	水	m^3	4.725	1.600	7.684
	电	kW·h	—	2.560	4.381
	塑料薄膜	m^2	—	—	100.800
机械	自卸汽车 8t	台班	—	0.172	—
	潜水泵 50mm	台班	—	1.283	—
	履带式起重机 15t	台班	—	0.283	0.690
	机动翻斗车 1t	台班	—	—	0.511
	电动空气压缩机 $1m^3/min$	台班	—	—	3.494

2.沉 井 制 作

工作内容：混凝土浇捣、养护。　　　　**计量单位：**10m³

编　号				6-1-5	6-1-6
项　目				井壁及隔墙（厚度 mm）	
				500 以内	500 以外
名　称			单位	消　耗　量	
人工	合计工日		工日	3.136	2.364
	其中	普工	工日	1.254	0.946
		一般技工	工日	1.882	1.418
材料	预拌混凝土 C25		m^3	10.100	10.100
	电		kW·h	9.143	9.143
	水		m^3	7.190	3.962
	其他材料费		%	2.00	2.00

二、沉 井 下 沉

1.沉 井 下 沉

工作内容：挖土、吊土、装车。　　　　**计量单位：**10m³

编　号				6-1-7	6-1-8	6-1-9	6-1-10	6-1-11
项　目				人工挖土（井深 8m 以内）		人工挖淤泥、流砂	机械挖土	机械挖淤泥、流砂
				一、二类土		三、四类土	井深 8m 以内	井深 12m 以内
								履带式
名　称			单位	消　耗　量				
人工	合计工日		工日	8.427	10.963	14.413	2.890	4.104
	其中	普工	工日	6.742	8.771	11.531	1.156	1.642
		一般技工	工日	1.685	2.192	2.882	1.734	2.462
机械	电动单筒快速卷扬机 10kN		台班	1.336	1.911	2.713	—	—
	履带式单斗液压挖掘机 $0.6m^3$		台班	—	—	—	0.412	0.585

工作内容：挖土、吊土、装车。 **计量单位**：$10m^3$

编号				6-1-12	6-1-13
项目				机械挖土	机械挖淤泥、流砂
				井深 12m 以内	
				长臂式	
名称			单位	消耗量	
人工	合计工日		工日	2.890	4.104
	其中	普工	工日	1.011	1.436
		一般技工	工日	1.879	2.668
机械	长臂挖掘机 360 型 18m		台班	0.155	0.219

工作内容：开凿石方、井壁打直、井底检平、吊石、装车。 **计量单位**：$10m^3$

编号				6-1-14	6-1-15	6-1-16	6-1-17
项目				人工挖石（井深 8m 以内）			
				软岩	较软岩	较坚硬岩	坚硬岩
名称			单位	消耗量			
人工	合计工日		工日	15.986	21.239	25.180	29.119
	其中	普工	工日	12.789	16.991	20.144	23.295
		一般技工	工日	3.197	4.248	5.036	5.824
机械	电动修钎机		台班	—	0.142	0.248	0.354
	电动空气压缩机 $3m^3/min$		台班	—	2.383	4.171	5.958
	电动单筒快速卷扬机 10kN		台班	3.020	3.931	4.717	5.189

工作内容：破碎岩石、挖石、装车。　　**计量单位：**$10m^3$

编　号				6-1-18	6-1-19	6-1-20	6-1-21
项　目				机械挖石(井深 12m 以内)			
				软岩	较软岩	较硬岩	坚硬岩
名　称			单位	消　耗　量			
人工	合计工日		工日	3.878	3.883	3.896	3.904
	其中	普工	工日	1.551	1.553	1.558	1.562
		一般技工	工日	2.327	2.330	2.338	2.342
材料	合金钎头 ϕ135		个	0.001	0.001	0.001	0.003
机械	履带式液压岩石破碎机 200mm		台班	0.060	0.090	0.150	0.190
	履带式单斗液压挖掘机 $0.6m^3$		台班	0.580	0.580	0.580	0.580

工作内容：集装袋装砂，人工封包运输、堆筑，上、下吊装，码包、绑实、安全检验。　　**计量单位：**$10m^3$

编　号				6-1-22
项　目				沉井配重下沉 砂包助压及搬运
名　称			单位	消　耗　量
人工	合计工日		工日	9.541
	其中	普工	工日	3.816
		一般技工	工日	5.725
材料	砂子（中粗砂）		m^3	4.299
	麻绳		kg	3.182
	尼龙编织袋		只	180.000
机械	电动单筒快速卷扬机 10kN		台班	0.655

工作内容： 准备工作、移动打桩机及其轨道、吊桩定位、安卸桩帽、校正、打桩；打拔缆风桩、拔桩、清场、整堆。

计量单位： 10t

编号			6-1-23
项目			钢板桩洞口支护加固处理
名称		单位	消耗量
人工	合计工日	工日	22.523
	其中 普工	工日	9.009
	其中 一般技工	工日	13.514
材料	槽型钢板桩	t	0.212
	板枋材	m^3	0.020
	其他材料费	%	2.00
机械	轨道式柴油打桩机 0.6t	台班	1.280
	振动沉拔桩机 400kN	台班	1.170

工作内容： 钻机就位、预搅下沉，拌制水泥浆，输送压浆，搅拌，提升成桩，清理，移位。

计量单位： 100m

编号			6-1-24
项目			深层搅拌水泥桩桩洞口支护加固处理
名称		单位	消耗量
人工	合计工日	工日	6.586
	其中 普工	工日	2.634
	其中 一般技工	工日	3.952
材料	水泥 P·O 42.5	t	5.038
	水	m^3	7.619
	其他材料费	%	2.00
机械	搅拌水泥桩机 ϕ550	台班	2.118
	电动空气压缩机 $3m^3/min$	台班	1.064
	灰浆搅拌机 200L	台班	1.054

2. 井 底 流 槽

工作内容：1. 凿毛、清理、混凝土浇捣、养护。

2. 场内水平垂直运输、搬运块石、砌筑、抹面压光。

计量单位：$10m^3$

编号				6-1-25	6-1-26	6-1-27	6-1-28
项目				井底流槽			
				混凝土	毛石混凝土	石砌	砖砌
名称			单位	消耗量			
人工	合计工日		工日	6.693	4.495	14.304	13.231
	其中	普工	工日	2.677	1.798	5.722	5.292
		一般技工	工日	4.016	2.697	8.582	7.939
材料	预拌混凝土 C25		m^3	10.100	—	—	—
	预拌混凝土 C15		m^3	—	8.585	—	—
	烧结煤矸石普通砖 240×115×53		千块	—	—	—	5.735
	预拌砌筑砂浆（干拌）DM M10		m^3	—	—	—	2.317
	干混抹灰砂浆 DP M20		m^3	—	—	0.714	—
	预拌砌筑砂浆（干拌）DM M7.5		m^3	—	—	3.562	—
	块石		m^3	—	2.754	11.526	—
	水		m^3	4.120	4.578	1.141	1.808
	电		kW·h	3.886	4.080	—	—
	塑料薄膜		m^2	90.854	94.490	—	—
	其他材料费		%	2.00	2.00	2.00	—
机械	干混砂浆罐式搅拌机		台班	—	—	0.184	0.087

工作内容：装运砂石混凝土料，吊入井底，铺筑石料、砂、混凝土，整平，工作面排水。

计量单位：10m³

编号				6-1-29	6-1-30	6-1-31	6-1-32
项目				砂石料填心			混凝土填心
				井内铺块石	井内铺碎石	井内铺黄砂	井内铺混凝土
名称			单位	消耗量			
人工	合计工日		工日	4.777	4.750	3.202	3.508
	其中	普工	工日	1.911	1.900	1.281	1.403
		一般技工	工日	2.866	2.850	1.921	2.105
材料	块石		m^3	11.110	—	—	—
	碎石 5~40		m^3	—	11.220	—	—
	砂子（中粗砂）		m^3	—	—	12.765	—
	预拌混凝土 C15		m^3	—	—	—	10.100
	其他材料费		%	2.00	2.00	2.00	1.00
机械	履带式起重机 15t		台班	0.310	0.416	0.257	0.470
	潜水泵 150mm		台班	0.637	0.832	0.761	0.940

三、沉井混凝土底板

工作内容：清理槽口，混凝土浇捣、抹平、养护。

计量单位：10m³

编号				6-1-33	6-1-34
项目				底板（厚度 mm）	
				500 以内	500 以外
名称			单位	消耗量	
人工	合计工日		工日	2.568	2.258
	其中	普工	工日	1.027	0.903
		一般技工	工日	1.541	1.355
材料	预拌混凝土 C25		m^3	10.100	10.100
	塑料薄膜		m^2	62.664	31.332
	电		kW·h	9.600	9.600
	水		m^3	7.494	5.730
	其他材料费		%	2.00	2.00

四、沉井内地下混凝土结构

工作内容：混凝土浇捣、抹平、养护。　　**计量单位：**$10m^3$

编　号				6-1-35	6-1-36	6-1-37	6-1-38
项　目				刃脚	地下结构梁	地下结构柱	地下结构平台
名　称			单位	消　耗　量			
人工	合计工日		工日	6.383	7.118	9.336	3.652
	其中	普工	工日	2.553	2.847	3.734	1.461
		一般技工	工日	3.830	4.271	5.602	2.191
材料	预拌混凝土 C25		m^3	10.100	10.100	10.100	10.100
	塑料薄膜		m^2	—	—	—	85.460
	电		kW·h	4.571	9.143	9.143	9.143
	水		m^3	2.720	6.160	7.540	12.660
	其他材料费		%	2.00	2.00	2.00	2.00

五、沉井混凝土顶板

工作内容：混凝土浇捣、抹平、养护。　　**计量单位：**$10m^3$

编　号				6-1-39
项　目				顶板
名　称			单位	消　耗　量
人工	合计工日		工日	2.301
	其中	普工	工日	0.920
		一般技工	工日	1.381
材料	预拌混凝土 C25		m^3	10.100
	塑料薄膜		m^2	85.460
	电		kW·h	9.143
	水		m^3	7.670
	其他材料费		%	2.00

六、现浇钢筋混凝土池底

1. 井渠、池槽底板混凝土垫层

工作内容：混凝土浇捣、养护。 计量单位：$10m^3$

编　号				6-1-40
项　目				井渠、池槽底板混凝土垫层
名　称			单位	消 耗 量
人工	合计工日		工日	2.990
	其中	普工	工日	1.196
		一般技工	工日	1.794
材料	预拌混凝土 C10		m^3	10.100
	水		m^3	5.660
	电		kW·h	3.080
	塑料薄膜		m^2	29.856
	其他材料费		%	1.00

2. 半地下式池底

工作内容：混凝土浇捣、抹平、养护。 计量单位：$10m^3$

编　号				6-1-41	6-1-42	6-1-43	6-1-44	6-1-45	6-1-46
项　目				平池底（厚度 mm）		锥坡池底（厚度 mm）		圆池底（厚度 mm）	
				500以内	500以外	500以内	500以外	500以内	500以外
名　称			单位	消 耗 量					
人工	合计工日		工日	3.805	3.482	3.995	3.637	5.124	4.754
	其中	普工	工日	1.522	1.393	1.598	1.455	2.050	1.901
		一般技工	工日	2.283	2.089	2.397	2.182	3.074	2.853
材料	防水混凝土 C25（抗渗等级 P6）		m^3	10.100	10.100	10.100	10.100	10.100	10.100
	水		m^3	7.360	4.870	7.360	4.560	7.360	5.260
	电		kW·h	2.990	2.990	2.990	2.990	2.990	2.990
	塑料薄膜		m^2	104.003	57.788	104.003	52.000	104.003	64.995

3. 架空式池底

工作内容：混凝土浇捣、养护。　　　　**计量单位：**10m³

编号				6-1-47	6-1-48	6-1-49	6-1-50
项目				平池底（厚度 mm）		方锥池底（厚度 mm）	
				300 以内	300 以外	300 以内	300 以外
名称			单位	消耗量			
人工	合计工日		工日	5.124	4.753	5.342	3.640
	其中	普工	工日	2.050	1.901	2.137	1.456
		一般技工	工日	3.074	2.852	3.205	2.184
材料	防水混凝土 C25（抗渗等级 P6）		m^3	10.100	10.100	10.100	10.100
	塑料薄膜		m^2	104.003	64.995	104.003	64.995
	电		kW·h	2.990	2.990	2.987	2.987
	水		m^3	7.360	5.260	5.360	5.260

工作内容：凿毛、清洗、清除松动的石子、安放钢丝网，混凝土浇捣、养护。　　　　**计量单位：**10m³

编号				6-1-51
项目				池底后浇带
名称			单位	消耗量
人工	合计工日		工日	8.610
	其中	普工	工日	3.444
		一般技工	工日	5.166
材料	防水混凝土 C25（抗渗等级 P6）		m^3	10.100
	钢丝网 20# 10×10		m^2	40.800
	塑料薄膜		m^2	109.202
	电		kW·h	3.297
	水		m^3	8.631
	其他材料费		%	1.50

七、现浇混凝土池壁(隔墙)

工作内容:混凝土浇捣、养护。　　　　计量单位:$10m^3$

编号				6-1-52	6-1-53	6-1-54	6-1-55	6-1-56	6-1-57
项目				直、矩形(厚度 mm)			圆、弧形(厚度 mm)		
				200以内	300以内	300以外	200以内	300以内	300以外
名称			单位	消耗量					
人工	合计工日		工日	5.323	4.440	3.376	5.835	4.864	3.663
	其中	普工	工日	2.129	1.776	1.350	2.334	1.945	1.465
		一般技工	工日	3.194	2.664	2.026	3.501	2.919	2.198
材料	防水混凝土 C25(抗渗等级 P6)		m^3	10.100	10.100	10.100	10.100	10.100	10.100
	电		kW·h	5.100	5.100	5.100	5.100	5.100	5.100
	水		m^3	7.201	5.689	4.408	7.075	5.017	3.894

工作内容:1. 混凝土浇捣、养护。
2. 调制砂浆、砌砖,养护。　　　　计量单位:$10m^3$

编号				6-1-58	6-1-59	6-1-60	6-1-61	6-1-62
项目				池壁挑檐	池壁牛腿	配水花墙(厚度 mm)		砖穿孔墙
						200以内	200以外	
名称			单位	消耗量				
人工	合计工日		工日	0.895	1.700	15.067	12.156	12.590
	其中	普工	工日	0.358	0.680	6.027	4.862	5.036
		一般技工	工日	0.537	1.020	9.040	7.294	7.554
材料	防水混凝土 C25(抗渗等级 P6)		m^3	10.100	10.100	10.100	10.100	—
	预拌砌筑砂浆(干拌)DM M7.5		m^3	—	—	—	—	1.179
	标准砖 240×115×53		千块	—	—	—	—	4.056
	塑料薄膜		m^2	31.494	25.204	7.010	5.853	—
	电		kW·h	8.160	8.160	8.160	8.160	—
	水		m^3	15.078	10.395	6.153	4.294	1.157
机械	干混砂浆罐式搅拌机		台班	—	—	—	—	0.050

工作内容：混凝土浇捣、养护。　　**计量单位：**10m³

编　号				6-1-63	6-1-64
项　目				折线池壁（厚度 mm）	
				300 以内	300 以外
名　称			单位	消　耗　量	
人工	合计工日		工日	9.528	7.847
	其中	普工	工日	3.811	3.139
		一般技工	工日	5.717	4.708
材料	防水混凝土 C25（抗渗等级 P6）		m^3	10.100	10.100
	水		m^3	5.353	4.151
	电		kW·h	5.104	5.104
	其他材料费		%	1.50	1.50

工作内容：凿毛、清洗、清除松动的石子、安放钢丝网，混凝土浇捣、养护。　　**计量单位：**10m³

编　号				6-1-65
项　目				池壁后浇带
名　称			单位	消　耗　量
人工	合计工日		工日	11.030
	其中	普工	工日	4.412
		一般技工	工日	6.618
材料	防水混凝土 C25（抗渗等级 P6）		m^3	10.100
	钢丝网 $20^{\#}$ 10×10		m^2	40.800
	水		m^3	7.811
	电		kW·h	5.355
	其他材料费		%	1.50

八、现浇混凝土池柱

工作内容：混凝土浇捣、养护。 计量单位：$10m^3$

编号				6-1-66	6-1-67	6-1-68
项目				无梁盖柱	矩（方）柱	圆形柱
名称			单位	消耗量		
人工	合计工日		工日	7.178	6.270	6.903
	其中	普工	工日	2.871	2.508	2.761
		一般技工	工日	4.307	3.762	4.142
材料	预拌混凝土 C25		m^3	10.100	10.100	10.100
	电		kW·h	8.160	8.160	8.160
	水		m^3	9.680	8.640	10.070

工作内容：混凝土浇捣、养护。 计量单位：$10m^3$

编号				6-1-69	6-1-70
项目				扶壁柱	小型矩形柱
名称			单位	消耗量	
人工	合计工日		工日	6.770	7.100
	其中	普工	工日	2.708	2.840
		一般技工	工日	4.062	4.260
材料	预拌混凝土 C25		m^3	10.100	10.100
	电		kW·h	8.160	7.619
	水		m^3	8.640	6.095
	其他材料费		%	1.50	1.50

九、现浇混凝土池梁

工作内容：混凝土浇捣、养护。　　　　**计量单位：**$10m^3$

编　号				6-1-71	6-1-72	6-1-73	6-1-74
项　目				连续梁	单梁	悬臂梁	异型环梁
名　称			单位	消　耗　量			
人工	合计工日		工日	3.770	3.154	7.137	6.713
	其中	普工	工日	1.509	1.262	2.855	2.685
		一般技工	工日	2.261	1.892	4.282	4.028
材料	预拌混凝土 C25		m^3	10.100	10.100	10.100	10.100
	塑料薄膜		m^2	29.715	29.715	32.716	36.145
	电		kW·h	8.160	8.160	8.160	8.160
	水		m^3	6.310	10.600	6.184	3.294

工作内容：混凝土浇捣、养护。　　　　**计量单位：**$10m^3$

编　号				6-1-75
项　目				现浇混凝土小梁
名　称			单位	消　耗　量
人工	合计工日		工日	7.928
	其中	普工	工日	3.171
		一般技工	工日	4.757
材料	预拌混凝土 C25		m^3	10.100
	水		m^3	7.805
	电		kW·h	4.040
	其他材料费		%	1.50

十、现浇混凝土池盖

工作内容：混凝土浇捣、抹平、养护。 **计量单位：**10m³

编号				6-1-76	6-1-77	6-1-78	6-1-79
项目				肋形盖	无梁盖	锥形盖	球形盖
名称			单位	消耗量			
人工	合计工日		工日	2.579	1.858	2.296	2.734
	其中	普工	工日	1.031	0.743	0.918	1.094
		一般技工	工日	1.548	1.115	1.378	1.640
材料	预拌混凝土 C25		m^3	10.100	10.100	10.100	10.100
	塑料薄膜		m^2	129.948	129.948	144.451	158.865
	电		kW·h	8.160	8.160	8.160	8.160
	水		m^3	14.630	14.480	14.220	15.800

工作内容：凿毛、清洗、清除松动石子、安放钢丝网，混凝土浇捣、养护。 **计量单位：**10m³

编号				6-1-80
项目				池盖后浇带
名称			单位	消耗量
人工	合计工日		工日	7.415
	其中	普工	工日	2.966
		一般技工	工日	4.449
材料	预拌混凝土 C25		m^3	10.100
	钢丝网 20# 10×10		m^2	40.800
	塑料薄膜		m^2	136.445
	水		m^3	15.613
	电		kW·h	8.568
	其他材料费		%	1.50

工作内容：混凝土浇捣、养护。　　　　**计量单位：**$10m^3$

编号				6-1-81	6-1-82
项目				现浇混凝土圆形池顶检修人孔	预制混凝土筒圆形池顶检修人孔制作
名称			单位	消耗量	
人工	合计工日		工日	6.188	15.242
	其中	普工	工日	2.475	6.097
		一般技工	工日	3.713	9.145
材料	预拌混凝土 C25		m^3	10.100	10.100
	板枋材		m^3	—	0.017
	塑料薄膜		m^2	—	5.981
	水		m^3	6.270	5.350
	电		kW·h	8.000	2.000
	其他材料费		%	1.50	2.00

工作内容：构件吊装、校正、固定、接头灌缝等。　　　　**计量单位：**$10m^3$

编号				6-1-83
项目				预制混凝土筒圆形池顶检修人孔安装
名称			单位	消耗量
人工	合计工日		工日	13.640
	其中	普工	工日	5.456
		一般技工	工日	8.184
材料	水泥 P·O 42.5		t	0.045
	预拌砌筑砂浆（干拌）DM M10		m^3	0.049
	碎石 10		m^3	0.100
	砂子（中粗砂）		m^3	0.078
	水		m^3	9.889
	板枋材		m^3	0.080
	其他材料费		%	2.00
机械	载重汽车 8t		台班	0.022
	干混砂浆罐式搅拌机		台班	0.036

工作内容：调制砂浆、池盖板以上的井筒砌筑、勾缝、抹灰，井盖（座）安装。 **计量单位：**座

编号				6-1-84	6-1-85	6-1-86	6-1-87	6-1-88
项目				砖砌圆形池顶检修人孔 ϕ700mm（筒高 m）				
				1 以内	2 以内	3 以内	4 以内	每增 0.5
名称			单位	消耗量				
人工	合计工日		工日	1.664	2.765	3.871	4.972	0.280
	其中	普工	工日	0.665	1.106	1.548	1.989	0.112
		一般技工	工日	0.999	1.659	2.323	2.983	0.168
材料	标准砖 240×115×53		千块	0.257	0.717	1.074	1.378	0.172
	预拌砌筑砂浆（干拌）DM M10		m^3	0.226	0.767	1.132	1.516	0.192
	预拌混凝土 C25		m^3	0.071	0.071	0.071	0.071	0.003
	铸铁爬梯		kg	9.969	19.927	29.896	39.865	4.979
	铸铁井盖井座		套	1.000	1.000	1.000	1.000	—
	水		m^3	0.296	0.423	0.556	0.693	0.063
	其他材料费		%	1.50	1.50	1.50	1.50	1.50
机械	干混砂浆罐式搅拌机		台班	0.011	0.020	0.029	0.039	0.005

工作内容：1. 制作：放样，画线，截料，平直，钻孔，拼装，焊接，成品矫正，刷防锈漆一遍及成品编号堆放。

2. 安装：构件加固，吊装校正，拧紧螺栓，电焊固定，翻身就位。

计量单位：t

编号			6-1-89
项目			钢圆形池顶检修人孔制作安装
名称		单位	消耗量
人工	合计工日	工日	29.903
	其中 普工	工日	11.961
	其中 一般技工	工日	17.942
材料	角钢（综合）	t	0.123
	热轧薄钢板 δ4.0	t	0.937
	防锈漆	kg	9.200
	六角螺栓	kg	18.830
	低碳钢焊条 J422（综合）	kg	33.503
	氧气	m^3	7.450
	乙炔气	kg	2.865
	松节油	kg	2.513
	其他材料费	%	1.50
机械	汽车式起重机 12t	台班	0.124
	摇臂钻床 50mm	台班	0.044
	剪板机 40×3 100	台班	0.203
	交流弧焊机 32kV·A	台班	6.167
	轨道平车 5t	台班	0.735
	电焊条烘干箱 45×35×45（cm^3）	台班	0.617

十一、现浇混凝土板

工作内容：混凝土浇捣、养护。 计量单位：$10m^3$

编号				6-1-90	6-1-91	6-1-92	6-1-93	6-1-94	6-1-95
项目				平板、走道板（厚度 mm）		悬空板（厚度 mm）		挡水板（厚度 mm）	
				80以内	120以内	100以内	150以内	70以内	70以外
名称			单位	消耗量					
人工	合计工日		工日	3.383	2.495	3.575	3.103	11.291	10.235
	其中	普工	工日	1.353	0.998	1.430	1.241	4.516	4.094
		一般技工	工日	2.030	1.497	2.145	1.862	6.775	6.141
材料	预拌混凝土 C25		m^3	10.100	10.100	10.100	10.100	10.100	10.100
	塑料薄膜		m^2	324.979	216.674	259.896	173.389	11.750	11.183
	电		kW·h	7.770	7.770	7.770	7.770	7.619	7.619
	水		m^3	19.300	13.470	15.800	11.130	5.630	5.090

十二、池　　槽

工作内容：混凝土浇捣、养护。 计量单位：$10m^3$

编号				6-1-96	6-1-97	6-1-98	6-1-99	6-1-100	6-1-101
项目				悬空 V、U 形集水槽（厚度 mm）		悬空 L 形槽（厚度 mm）		池底暗渠（厚度 mm）	
				80以内	120以内	100以内	200以内	100以内	200以内
名称			单位	消耗量					
人工	合计工日		工日	17.837	14.708	13.453	12.077	10.798	9.873
	其中	普工	工日	7.135	5.883	5.381	4.831	4.319	3.949
		一般技工	工日	10.702	8.825	8.072	7.246	6.479	5.924
材料	预拌混凝土 C25		m^3	10.100	10.100	10.100	10.100	10.100	10.100
	塑料薄膜		m^2	15.624	13.020	29.463	24.549	30.660	25.557
	电		kW·h	9.760	9.760	9.760	9.760	8.160	8.160
	水		m^3	15.120	11.760	11.270	8.550	7.390	5.323

工作内容： 1. 混凝土浇捣、养护。
2. 调制砂浆、砌筑。

计量单位： 10m³

编号				6-1-102	6-1-103	6-1-104	6-1-105	6-1-106
项目				落泥斗、槽		沉淀池水槽	下药溶解槽	澄清池反应筒壁
				混凝土	块石			
名称			单位	消耗量				
人工	合计工日		工日	1.213	12.684	7.985	9.868	7.150
	其中	普工	工日	0.485	5.074	3.194	3.947	2.860
		一般技工	工日	0.728	7.610	4.791	5.921	4.290
材料	预拌混凝土 C25		m^3	10.100	—	10.100	10.100	10.100
	预拌砌筑砂浆（干拌）DM M10		m^3	—	3.700	—	—	—
	块石		m^3	—	11.750	—	—	—
	塑料薄膜		m^2	50.400	—	43.575	30.618	40.866
	电		kW·h	9.600	—	8.160	9.760	9.760
	水		m^3	6.080	2.173	21.670	24.120	19.900
机械	干混砂浆罐式搅拌机		台班	—	0.152	—	—	—

工作内容： 混凝土浇捣、抹光、养护。

计量单位： 10m³

编号				6-1-107	6-1-108
项目				异型填充混凝土	
				现浇混凝土	毛石混凝土
名称			单位	消耗量	
人工	合计工日		工日	4.404	2.507
	其中	普工	工日	1.762	1.003
		一般技工	工日	2.642	1.504
材料	预拌混凝土 C15		m^3	10.100	7.443
	块石		m^3	—	2.809
	塑料薄膜		m^2	30.188	30.188
	水		m^3	8.780	6.848
	电		kW·h	4.080	2.980
	其他材料费		%	1.50	1.50

十三、砌筑导流壁、筒

工作内容：调制砂浆、砌砖。　　　　**计量单位：**$10m^3$

编号				6-1-109	6-1-110	6-1-111	6-1-112
项目				砖导流墙（厚度）			砖导流筒
				半砖	一砖	一砖半及以上	
名称			单位	消耗量			
人工	合计工日		工日	14.085	13.160	12.478	18.584
	其中	普工	工日	5.634	5.264	4.991	7.433
		一般技工	工日	8.451	7.896	7.487	11.151
材料	标准砖 240×115×53		千块	5.741	5.502	5.429	5.231
	预拌砌筑砂浆（干拌）DM M10		m^3	1.978	2.317	2.478	3.239
	水		m^3	1.761	1.808	1.823	1.973
机械	干混砂浆罐式搅拌机		台班	0.081	0.097	0.102	0.133

工作内容：调制砂浆、砌砖。　　　　**计量单位：**$10m^3$

编号				6-1-113	6-1-114	6-1-115	6-1-116	6-1-117	6-1-118
项目				砖砌直池壁（厚度）			砖砌弧形池壁（厚度）		
				半砖	一砖	一砖半及以上	半砖	一砖	一砖半及以上
名称			单位	消耗量					
人工	合计工日		工日	12.861	10.018	9.840	14.915	11.431	10.824
	其中	普工	工日	5.144	4.007	3.936	5.966	4.572	4.329
		一般技工	工日	7.717	6.011	5.904	8.949	6.859	6.495
材料	标准砖 240×115×53		千块	5.585	5.262	5.290	5.753	5.420	5.449
	预拌砌筑砂浆（干拌）DM M10		m^3	1.978	2.279	2.440	2.037	2.347	2.513
	水		m^3	1.615	1.691	1.756	1.663	1.742	1.809
机械	干混砂浆罐式搅拌机		台班	0.081	0.093	0.100	0.084	0.096	0.103

工作内容：调制砂浆、砌砖。

计量单位：10m³

编　　号				6-1-119
项　　目				砖支墩
名　　称			单位	消　耗　量
人工	合计工日		工日	15.817
	其中	普工	工日	6.327
		一般技工	工日	9.490
材料	标准砖 240×115×53		千块	5.735
	预拌砌筑砂浆（干拌）DM M10		m^3	2.109
	水		m^3	1.693
	其他材料费		%	1.50
机械	干混砂浆罐式搅拌机		台班	0.087

十四、混凝土导流壁、筒

工作内容：1. 混凝土浇捣、养护，接缝砂浆垫铺。

2. 调制砂浆、砌块。

计量单位：10m³

编　　号				6-1-120	6-1-121	6-1-122	6-1-123	6-1-124
项　　目				混凝土导流墙（厚度 mm）		混凝土导流筒（厚度 mm）		混凝土砌块穿孔墙
				200 以内	200 以外	200 以内	200 以外	
名　　称			单位	消　耗　量				
人工	合计工日		工日	7.493	6.940	8.339	7.759	6.960
	其中	普工	工日	2.997	2.776	3.336	3.104	2.784
		一般技工	工日	4.496	4.164	5.003	4.655	4.176
材料	预拌混凝土 C25		m^3	10.100	10.100	10.100	10.100	—
	加气混凝土砌块 600×240×180		块	—	—	—	—	351.000
	预拌砌筑砂浆（干拌）DM M10		m^3	—	—	—	—	1.345
	预拌抹灰砂浆（干拌）DP M20		m^3	0.276	0.276	0.276	0.276	—
	塑料薄膜		m^2	3.843	3.669	4.740	4.498	—
	电		kW·h	4.648	4.648	4.648	4.648	—
	水		m^3	8.913	8.472	9.007	8.608	1.344
机械	干混砂浆罐式搅拌机		台班	0.012	0.012	0.012	0.012	0.048

十五、其他现浇混凝土构件

工作内容：混凝土浇捣、养护。　　　　**计量单位：**$10m^3$

编号				6-1-125	6-1-126	6-1-127	6-1-128	6-1-129
项目				中心支筒	支撑墩	稳流筒	异型构件	设备基础
名称			单位	消耗量				
人工	合计工日		工日	7.197	9.877	9.818	10.913	2.188
	其中	普工	工日	2.879	3.951	3.927	4.365	0.875
		一般技工	工日	4.318	5.926	5.891	6.548	1.313
材料	预拌混凝土 C25		m^3	10.100	10.100	10.100	10.100	10.100
	塑料薄膜		m^2	5.699	320.086	79.934	336.947	11.947
	电		kW·h	7.771	7.771	7.771	7.771	2.971
	水		m^3	10.220	19.810	8.960	21.110	8.807

十六、预制混凝土板

工作内容：混凝土浇捣、养护。　　　　**计量单位：**$10m^3$

编号				6-1-130	6-1-131
项目				预制钢筋混凝土制作	
				稳流板、导流（隔）板、整流板、挡水板	井池内壁板、隔板
名称			单位	消耗量	
人工	合计工日		工日	12.117	12.117
	其中	普工	工日	4.847	4.847
		一般技工	工日	7.270	7.270
材料	预拌混凝土 C25		m^3	10.100	10.100
	电		kW·h	9.760	9.600
	水		m^3	32.801	17.701
	其他材料费		%	1.00	1.00

工作内容：安装、就位、找正、固定、焊接及接头灌缝。　　　　　**计量单位：**$10m^3$

编　　号				6-1-132	6-1-133
项　　目				预制钢筋混凝土安装	
				稳流板、导流（隔）板、整流板、挡水板	井池内壁板、隔板
名　　称			单位	消　耗　量	
人工	合计工日		工日	12.327	13.937
	其中	普工	工日	4.931	5.575
		一般技工	工日	7.396	8.362
材料	板枋材		m^3	0.048	0.018
	铁件（综合）		kg	10.700	10.200
	预拌混凝土　C25		m^3	0.522	—
	预拌混凝土　C30		m^3	—	0.550
	钢筋　ϕ10　以外		kg	65.000	65.520
	低碳钢焊条　J422（综合）		kg	8.020	7.458
	水		m^3	2.971	4.600
	其他材料费		%	2.00	2.00
机械	汽车式起重机　8t		台班	0.566	0.750
	汽车式起重机　16t		台班	0.318	—
	载重汽车　8t		台班	0.013	0.030
	交流弧焊机　32kV·A		台班	1.075	1.001
	电焊条烘干箱　45×35×45（cm^3）		台班	0.108	0.100

十七、预制混凝土槽

工作内容：混凝土浇捣、养护，预埋短管。 **计量单位：**10m³

编号				6-1-134	6-1-135
项目				混凝土构件制作	
				配孔集水槽	辐射槽
名称			单位	消耗量	
人工	合计工日		工日	6.799	7.362
	其中	普工	工日	2.719	2.945
		一般技工	工日	4.080	4.417
材料	预拌混凝土 C30		m^3	10.100	10.100
	塑料集水短管 *DN*25 *L*=80		根	662.433	662.433
	塑料薄膜		m^2	58.466	64.319
	电		kW·h	5.040	5.040
	水		m^3	11.382	13.030
	其他材料费		%	2.00	2.00

工作内容：安装就位、找正、找平、固定、焊接及接头灌缝。 **计量单位：**$10m^3$

编号				6-1-136	6-1-137
项目				混凝土构件安装	
				配孔集水槽	辐射槽
名称			单位	消耗量	
人工	合计工日		工日	13.876	14.570
	其中	普工	工日	5.550	5.828
		一般技工	工日	8.326	8.742
材料	水泥 P·O 42.5R		kg	0.044	0.044
	预拌砌筑砂浆（干拌）DM M10		m^3	0.800	0.808
	板枋材		m^3	0.080	0.081
	碎石 10		m^3	0.098	0.101
	砂子（中粗砂）		m^3	0.075	0.079
	铁件（综合）		kg	32.599	32.599
	低碳钢焊条 J422（综合）		kg	6.800	6.800
	水		m^3	9.264	9.356
	其他材料费		%	1.00	1.00
机械	汽车式起重机 16t		台班	1.088	1.088
	交流弧焊机 32kV·A		台班	1.935	1.935
	载重汽车 8t		台班	0.022	0.022
	干混砂浆罐式搅拌机		台班	0.033	0.033
	电焊条烘干箱 45×35×45（cm^3）		台班	0.194	0.194

十八、预制混凝土支墩

工作内容： 1. 混凝土浇捣、养护。

2. 安装就位、找正、找平、清理。

计量单位： $10m^3$

编号				6-1-138	6-1-139
项目				支墩制作	支墩安装
名称			单位	消耗量	
人工	合计工日		工日	2.464	12.851
	其中	普工	工日	0.986	5.140
		一般技工	工日	1.478	7.711
材料	预拌混凝土 C25		m^3	10.100	—
	平垫铁（综合）		kg	—	26.693
	低碳钢焊条 J422（综合）		kg	—	15.301
	垫木		m^3	—	0.011
	水		m^3	6.155	—
	电		kW·h	5.000	—
	塑料薄膜		m^2	13.803	—
	其他材料费		%	1.00	1.00
机械	交流弧焊机 32kV·A		台班	—	3.580
	电焊条烘干箱 45×35×45（cm^3）		台班	—	0.358

十九、其他预制混凝土构件

工作内容： 1. 混凝土浇捣、养护。
2. 安装就位、找正、找平、清理。

计量单位： 10m³

编号				6-1-140	6-1-141
项目				异型构件制作	异型构件安装
名称			单位	消耗量	
人工	合计工日		工日	8.754	17.096
	其中	普工	工日	3.502	6.839
		一般技工	工日	5.252	10.257
材料	预拌混凝土 C25		m^3	10.100	—
	平垫铁（综合）		kg	—	26.693
	低碳钢焊条 J422（综合）		kg	—	15.312
	垫木		m^3	—	0.011
	麻绳		kg	—	0.051
	水		m^3	12.243	—
	电		kW·h	8.000	—
	塑料薄膜		m^2	60.955	—
	其他材料费		%	1.00	1.00
机械	交流弧焊机 32kV·A		台班	—	4.860
	电焊条烘干箱 45×35×45（cm^3）		台班	—	0.486

二十、滤 板

工作内容：混凝土浇捣、养护。 **计量单位：**$10m^3$

编 号				6-1-142	6-1-143	6-1-144	6-1-145
项 目				滤板制作（厚度 mm）		穿孔板制作	
				120 以内	120 以外	三角槽孔板	平孔板
名 称			单位	消 耗 量			
人工	合计工日		工日	13.119	11.799	16.653	13.351
	其中	普工	工日	5.248	4.720	6.661	5.340
		一般技工	工日	7.871	7.079	9.992	8.011
材料	预拌混凝土 C25		m^3	10.100	10.100	10.100	10.100
	滤头套箍 $\phi30$		个	（4 545.000）	（2 050.000）	—	—
	水		m^3	10.699	6.229	31.551	17.910
	塑料薄膜		m^2	216.674	144.449	—	—
	插孔钢筋 $\phi5\sim10$		kg	—	—	3.233	—
	电		kW·h	9.600	9.600	9.600	9.600
	其他材料费		%	1.00	1.00	1.00	1.00

工作内容：安装就位、找正、找平、清理、嵌缝。 **计量单位：**$100m^2$

编 号				6-1-146	6-1-147
项 目				滤板安装	不锈钢滤板安装
名 称			单位	消 耗 量	
人工	合计工日		工日	24.979	25.081
	其中	普工	工日	9.992	10.032
		一般技工	工日	14.987	15.049
材料	混凝土滤板		m^2	（101.000）	—
	不锈钢滤板		m^2	—	（101.000）
	不锈钢板 δ6		kg	31.800	31.800
	不锈钢螺栓 M10×350		百个	2.081	2.081
	密封胶		kg	149.600	157.080
	干混抹灰砂浆 DP M20		m^3	0.693	—
	水		m^3	0.104	—
	其他材料费		%	1.00	1.00
机械	汽车式起重机 8t		台班	0.496	0.716
	干混砂浆罐式搅拌机		台班	0.017	—

工作内容：混凝土浇捣、养护；模板制作、安装。　　**计量单位：**$10m^3$

编　号				6-1-148	6-1-149
项　目				现浇混凝土整体滤板（厚度 mm）	
				120 以内	120 以外
名　称			单位	消　耗　量	
人工	合计工日		工日	7.711	6.817
	其中	普工	工日	3.084	2.727
		一般技工	工日	4.627	4.090
材料	预拌混凝土 C25		m^3	10.100	10.100
	滤头套箍 ϕ30		个	（4 545.000）	（2 050.000）
	ABS 工程塑料凹凸型模板		m^2	87.500	63.100
	塑料薄膜		m^2	216.670	144.449
	电		kW·h	8.160	8.160
	水		m^3	9.950	5.693

二十一、折　　板

工作内容：混凝土浇捣、养护、构件成品堆放；安装就位、找正、找平、固定、焊接、接头灌缝。

计量单位：10m³

编　号				6-1-150	6-1-151
项　目				预制钢筋混凝土折板	
				制作	安装
名　称			单位	消 耗 量	
人工	合计工日		工日	11.882	26.007
	其中	普工	工日	4.753	10.403
		一般技工	工日	7.129	15.604
材料	预拌混凝土 C25		m^3	10.100	—
	预拌混凝土 C30		m^3	—	0.527
	板枋材		m^3	0.005	0.035
	低碳钢焊条 J422（综合）		kg	—	18.700
	铁件（综合）		kg	—	10.200
	水		m^3	15.240	—
	电		kW·h	2.016	—
	其他材料费		%	2.00	2.00
机械	汽车式起重机 16t		台班	—	1.079
	汽车式起重机 8t		台班	0.630	—
	载重汽车 8t		台班	—	0.027
	机动翻斗车 1t		台班	0.630	—
	交流弧焊机 32kV·A		台班	—	1.079
	电焊条烘干箱 45×35×45（cm^3）		台班	—	0.108

二十二、滤料铺设

工作内容：筛、运、洗砂石，清底层，挂线，铺设滤料，整形找平等。

计量单位：$10m^3$

编号				6-1-152	6-1-153	6-1-154
项目				中砂	石英砂	卵石
名称			单位	消耗量		
人工	合计工日		工日	9.878	9.147	7.736
	其中	普工	工日	3.951	3.659	3.094
		一般技工	工日	5.927	5.488	4.642
材料	砂子（中粗砂）		m^3	11.131	—	—
	石英砂（综合）		m^3	—	11.240	—
	卵石		m^3	—	—	10.200
	水		m^3	4.950	5.000	3.970
	其他材料费		%	1.50	1.50	1.50
机械	电动双筒慢速卷扬机 30kN		台班	1.050	1.050	1.050

工作内容：筛、运、洗砂石，清底层，挂线，铺设滤料，整形找平等。

编号				6-1-155	6-1-156
项目				碎石	锰砂
				$10m^3$	10t
名称			单位	消耗量	
人工	合计工日		工日	7.814	6.030
	其中	普工	工日	3.126	2.412
		一般技工	工日	4.688	3.618
材料	碎石 20		m^3	10.200	—
	锰砂		t	—	10.150
	水		m^3	3.970	2.780
	其他材料费		%	1.50	—
机械	电动双筒慢速卷扬机 30kN		台班	1.050	1.050

工作内容：场内运输、清底层，挂线，铺设，整形找平等。

计量单位：$10m^3$

编号			6-1-157	6-1-158
项目			滤料铺设	
			粉末活性炭	颗粒活性炭
名称		单位	消耗量	
人工	合计工日	工日	11.707	9.167
	其中 普工	工日	4.683	3.667
	其中 一般技工	工日	7.024	5.500
材料	粉末活性炭	m^3	11.474	—
	颗粒活性炭	m^3	—	11.129
	其他材料费	%	1.50	1.50
机械	电动双筒慢速卷扬机 30kN	台班	1.050	1.050

二十三、尼龙网板

工作内容：尼龙网板制作、安装。

计量单位：$10m^2$

编号			6-1-159
项目			尼龙网板制作与安装
名称		单位	消耗量
人工	合计工日	工日	18.086
	其中 普工	工日	7.234
	其中 一般技工	工日	10.852
材料	热轧薄钢板 δ3.5~4.0	kg	27.840
	六角螺栓带螺母、垫圈 M10×150	百个	28.280
	铁件（综合）	kg	27.897
	低碳钢焊条 J422（综合）	kg	1.760
	尼龙网 30 目	m^2	25.271
	其他材料费	%	1.50
机械	剪板机 10×2 500	台班	0.018
	直流弧焊机 32kV·A	台班	0.165
	电焊条烘干箱 45×35×45（cm^3）	台班	0.017

二十四、刚 性 防 水

工作内容：调制砂浆，抹灰找平，压光压实。　　　　**计量单位：**100m²

编　　号				6-1-160	6-1-161	6-1-162	6-1-163	6-1-164
项　　目				防水砂浆				
				平池底	锥池底	直池壁	圆池壁	池沟槽
名　　称			单位	消　耗　量				
人工	合计工日		工日	6.130	6.991	9.966	11.660	18.265
	其中	普工	工日	2.452	2.797	3.986	4.664	7.306
		一般技工	工日	3.678	4.194	5.980	6.996	10.959
材料	素水泥浆		m^3	0.609	0.641	0.641	0.672	0.641
	干混抹灰砂浆 DP M20		m^3	2.016	2.120	2.111	2.216	2.048
	防水粉		kg	55.549	58.334	57.885	60.772	56.381
	水		m^3	4.490	4.516	4.513	4.539	4.498
	其他材料费		%	1.50	1.50	1.50	1.50	1.50
机械	干混砂浆罐式搅拌机		台班	0.083	0.087	0.087	0.087	0.084

工作内容：调制砂浆，抹灰找平，压光压实。　　　　**计量单位：**100m²

编　　号				6-1-165	6-1-166	6-1-167	6-1-168
项　　目				五层防水			
				平池底	锥池底	直池壁	圆池壁
名　　称			单位	消　耗　量			
人工	合计工日		工日	11.667	13.330	15.194	18.108
	其中	普工	工日	4.667	5.332	6.077	7.243
		一般技工	工日	7.000	7.998	9.117	10.865
材料	素水泥浆		m^3	0.609	0.641	0.641	0.672
	干混抹灰砂浆 DP M20		m^3	1.569	1.662	1.641	1.732
	防水粉		kg	34.568	36.292	36.128	37.934
	防水油		kg	39.729	41.718	41.524	43.605
	水		m^3	4.391	4.415	4.620	4.643
	其他材料费		%	1.50	1.50	1.50	1.50
机械	干混砂浆罐式搅拌机		台班	0.066	0.070	0.069	0.073

二十五、柔性防水

工作内容：清扫及烘干基层、配料、熬油，清扫油毡，砂子筛洗。 **计量单位**：100m²

编号				6-1-169	6-1-170	6-1-171	6-1-172
项目				涂沥青			
				平面一遍	平面每增一遍	立面一遍	立面每增一遍
名称			单位	消耗量			
人工	合计工日		工日	1.531	0.471	1.867	0.657
	其中	普工	工日	0.612	0.188	0.747	0.263
		一般技工	工日	0.919	0.283	1.120	0.394
材料	石油沥青 30#		kg	187.005	150.997	221.996	187.005
	冷底子油		kg	48.000	—	52.000	—
	木柴		kg	80.003	51.997	93.995	64.999
	其他材料费		%	1.50	0.50	1.50	0.50

工作内容：清扫及烘干基层、配料、熬油，清扫油毡，砂子筛洗。 **计量单位**：100m²

编号				6-1-173	6-1-174	6-1-175	6-1-176	6-1-177	6-1-178
项目				油毡防水层				苯乙烯涂料	
				平面二毡三油	平面增减一毡一油	立面二毡三油	立面增减一毡一油	平面二遍	立面二遍
名称			单位	消耗量					
人工	合计工日		工日	5.341	1.874	9.000	3.016	1.512	1.814
	其中	普工	工日	2.137	0.749	3.600	1.207	0.605	0.726
		一般技工	工日	3.204	1.125	5.400	1.809	0.907	1.088
材料	石油沥青 30#		kg	565.001	183.995	604.995	197.997	—	—
	石油沥青油毡 350#		m²	305.630	148.487	305.630	148.487	—	—
	冷底子油		kg	48.000	—	48.000	—	—	—
	木柴		kg	211.002	63.998	225.005	68.002	—	—
	苯乙烯涂料		kg	—	—	—	—	50.500	52.000
	其他材料费		%	0.50	0.50	0.50	0.50	0.50	0.50

二十六、变　形　缝

工作内容： 熬制沥青、玛琋脂，调配沥青麻丝、浸木丝板、拌合沥青砂浆，填塞、嵌缝、灌缝。

计量单位： 100m

定额编号				6-1-179	6-1-180	6-1-181	6-1-182	6-1-183	6-1-184
项目				油浸麻丝		油浸木丝板	玛琋脂	建筑油膏	沥青砂浆
				平面	立面				
名称			单位	消耗量					
人工	合计工日		工日	5.155	7.671	4.024	4.566	3.812	4.510
	其中	普工	工日	2.062	3.068	1.609	1.827	1.525	1.804
		一般技工	工日	3.093	4.603	2.415	2.739	2.287	2.706
材料	麻丝		kg	54.000	54.000	—	—	—	—
	石油沥青 30#		kg	216.240	216.240	163.240	—	—	—
	木丝板 δ25		m^2	—	—	15.300	—	—	—
	石油沥青玛琋脂		m^3	—	—	—	0.503	—	—
	建筑油膏		kg	—	—	—	—	86.080	—
	沥青砂浆 1:2:7		m^3	—	—	—	—	—	0.480
	木柴		kg	99.000	99.000	61.600	198.000	27.005	198.000

工作内容：1. 清缝、隔纸、剪裁、焊接成型、涂胶、铺砂、熬灌胶泥等。

2. 止水带制作，接头安装。

计量单位：100m

编号				6-1-185	6-1-186	6-1-187	6-1-188
项目				氯丁橡胶片止水带	预埋式紫铜板止水片	聚氯乙烯胶泥	预埋式止水带橡胶
名称			单位	消耗量			
人工	合计工日		工日	2.454	18.119	5.166	7.540
	其中	普工	工日	0.982	7.248	2.066	3.016
		一般技工	工日	1.472	10.871	3.100	4.524
材料	氯丁橡胶浆		kg	60.580	—	—	—
	橡胶板 δ2		m^2	31.820	—	—	—
	水泥 P·O 42.5		kg	9.272	—	—	—
	砂子（中粗砂）		m^3	0.158	—	—	—
	三异氰酸酯		kg	9.090	—	—	—
	乙酸乙酯		kg	23.000	—	—	—
	牛皮纸		m^2	5.910	—	53.230	—
	紫铜板 δ2		kg	—	810.900	—	—
	铜焊条（综合）		kg	—	14.300	—	—
	聚氯乙烯胶泥		kg	—	—	83.320	—
	干混抹灰砂浆 DP M20		m^3	—	—	0.099	—
	橡胶止水带		m	—	—	—	105.000
	丙酮		kg	—	—	—	3.040
	环氧树脂		kg	—	—	—	3.159
	甲苯		kg	—	—	—	2.400
	乙二胺		kg	—	—	—	0.240
机械	剪板机 20×2 500		台班	—	0.097	—	—
	直流弧焊机 32kV·A		台班	—	0.551	—	—
	电焊条烘干箱 45×35×45（cm^3）		台班	—	0.055	—	—

工作内容: 1. 清缝、隔纸、剪裁、焊接成型、涂胶、铺砂、熬灌胶泥等。
2. 止水带制作,接头安装。

计量单位: 100m

编号				6-1-189	6-1-190	6-1-191
项目				预埋式止水带塑料	铁皮盖缝平面	铁皮盖缝立面
名称			单位	消耗量		
人工	合计工日		工日	7.540	5.030	4.434
	其中	普工	工日	3.016	2.012	1.773
		一般技工	工日	4.524	3.018	2.661
材料	塑料止水带		m	105.512	—	—
	丙酮		kg	3.040	—	—
	环氧树脂		kg	3.159	—	—
	甲苯		kg	2.400	—	—
	乙二胺		kg	0.240	—	—
	镀锌钢板(综合)		m^2	—	62.540	53.000
	板枋材		m^3	—	1.149	0.301
	圆钉		kg	—	2.100	0.700
	防腐油		kg	—	6.760	5.310
	焊锡		kg	—	4.060	3.440
	木炭		kg	—	18.561	15.728
	盐酸 31% 合成		kg	—	0.860	0.740

工作内容: 1. 填塞、嵌缝、灌缝等。
2. 钢板剪裁接头及安装。

计量单位: 100m

编号				6-1-192	6-1-193	6-1-194	6-1-195
项目				外贴式橡胶止水带		预埋式钢板止水带	
				平面	立面	平面	立面
名称			单位	消耗量			
人工	合计工日		工日	8.378	14.076	14.015	15.978
	其中	普工	工日	3.351	5.630	5.606	6.391
		一般技工	工日	5.027	8.446	8.409	9.587
材料	橡胶止水带 300×8		m	103.000	103.000	—	—
	热轧薄钢板 δ2.0~4.0		t	—	—	0.961	0.961
	低合金钢焊条 E43 系列		kg	—	—	21.707	21.707
	其他材料费		%	2.00	2.00	0.50	0.50
机械	剪板机 40×3 100		台班	—	—	0.098	0.098
	直流弧焊机 32kV·A		台班	—	—	0.551	0.551
	电焊条烘干箱 45×35×45(cm^3)		台班	—	—	0.055	0.055

二十七、井、池渗漏试验

工作内容：准备工具、灌水、检查、排水、现场清洗、清理等。

编号				6-1-196	6-1-197	6-1-198	6-1-199
项目				井、池（容量 m^3）			
				500 以内	5 000 以内	10 000 以内	10 000 以外
				$100m^3$	$1\,000m^3$		
名称			单位	消耗量			
人工	合计工日		工日	4.276	7.765	10.919	12.495
	其中	普工	工日	1.710	3.106	4.368	4.998
		一般技工	工日	2.566	4.659	6.551	7.497
材料	水		m^3	100.000	1 000.000	1 000.000	1 000.000
	塑料软管 *De*20		m	2.000	2.000	2.000	2.000
	镀锌铁丝 ϕ3.5		kg	0.507	0.407	0.407	0.407
	木板标尺		m^3	0.001	0.001	0.001	0.001
	其他材料费		%	1.000	1.000	1.000	1.000
机械	电动单级离心清水泵 100mm		台班	0.230	—	—	—
	电动单级离心清水泵 150mm		台班	—	3.680	7.360	11.058

二十八、防 水 防 腐

工作内容：清理基层、喷水湿润混凝土表面、配置涂料、刷底涂、刮涂修平层、打磨、找平、修整。

计量单位：$100m^2$

编号				6-1-200	6-1-201	6-1-202
项目				环氧水泥改性聚合物修平涂层		
				池内底板	池内壁	池内顶板
名称			单位	消耗量		
人工	合计工日		工日	1.643	2.140	2.376
	其中	普工	工日	0.657	0.856	0.950
		一般技工	工日	0.986	1.284	1.426
材料	环氧水泥改性聚合物防水防腐涂料		kg	323.200	323.200	323.200
	环氧水泥改性聚合物底涂		kg	8.080	8.820	8.820
	其他材料费		%	2.00	2.00	2.00

工作内容：清扫基层、配制油漆、涂刷。　　　　**计量单位：**100m²

编　号				6-1-203	6-1-204	6-1-205	6-1-206	6-1-207	6-1-208
项　目				改性环氧树脂防水防腐涂料					
				池内底板					
				封闭底漆一遍	封闭底漆每增一遍	中间漆一遍	中间漆每增一遍	面漆一遍	面漆每增一遍
名　称			单位	消　耗　量					
人工	合计工日		工日	5.427	4.342	4.205	3.363	3.822	3.058
	其中	普工	工日	2.171	1.737	1.682	1.345	1.529	1.223
		一般技工	工日	3.256	2.605	2.523	2.018	2.293	1.835
材料	改性环氧树脂封闭底漆		kg	19.760	16.770	—	—	—	—
	改性环氧树脂中间漆		kg	—	—	16.510	16.380	—	—
	改性环氧树脂面漆		kg	—	—	—	—	17.940	17.230
	砂布		张	15.750	15.750	15.750	15.750	15.750	15.750
机械	轴流通风机 7.5kW		台班	7.961	6.369	7.961	6.369	7.961	6.369

工作内容：清扫基层、配制油漆、涂刷。　　　　**计量单位：**100m²

编　号				6-1-209	6-1-210	6-1-211	6-1-212	6-1-213	6-1-214
项　目				改性环氧树脂防水防腐涂料					
				池内壁					
				封闭底漆一遍	封闭底漆每增一遍	中间漆一遍	中间漆每增一遍	面漆一遍	面漆每增一遍
名　称			单位	消　耗　量					
人工	合计工日		工日	7.055	5.644	5.465	4.372	4.968	3.975
	其中	普工	工日	2.822	2.258	2.186	1.749	1.987	1.590
		一般技工	工日	4.233	3.386	3.279	2.623	2.981	2.385
材料	改性环氧树脂封闭底漆		kg	19.760	16.770	—	—	—	—
	改性环氧树脂中间漆		kg	—	—	16.510	16.380	—	—
	改性环氧树脂面漆		kg	—	—	—	—	17.940	17.230
	砂布		张	15.750	15.750	15.750	15.750	15.750	15.750
机械	轴流通风机 7.5kW		台班	7.961	6.369	7.961	6.369	7.961	6.369

工作内容： 清扫基层、配制油漆、涂刷。　　　　**计量单位：** 100m²

编号				6-1-215	6-1-216	6-1-217	6-1-218	6-1-219	6-1-220
项目				改性环氧树脂防水防腐涂料					
				池内顶板					
				封闭底漆一遍	封闭底漆每增一遍	中间漆一遍	中间漆每增一遍	面漆一遍	面漆每增一遍
名称			单位	消耗量					
人工	合计工日		工日	7.815	6.252	6.054	4.843	5.503	4.403
	其中	普工	工日	3.126	2.501	2.422	1.937	2.201	1.761
		一般技工	工日	4.689	3.751	3.632	2.906	3.302	2.642
材料	改性环氧树脂封闭底漆		kg	19.760	16.770	—	—	—	—
	改性环氧树脂中间漆		kg	—	—	16.510	16.380	—	—
	改性环氧树脂面漆		kg	—	—	—	—	17.940	17.230
	砂布		张	15.750	15.750	15.750	15.750	15.750	15.750
机械	轴流通风机 7.5kW		台班	7.961	6.369	7.961	6.369	7.961	6.369

第二章　水处理设备

说　　明

一、本章包括水处理工程相关的格栅、格栅除污机、滤网清污机、压榨机、吸砂机、刮（吸）泥机、撇渣机、砂水分离器、曝气机、曝气器、布气管、滗水器、生物转盘等水处理工程专用设备安装项目，各类仪表、泵、阀门等标准、定型设备执行《通用安装工程消耗量》TY 02–31–2021 相应项目。

二、本章中的搬运工作内容，设备包括自安装现场指定堆放地点运到安装地点的水平和垂直搬运；机具和材料包括自施工单位现场出库点运至安装地点的水平和垂直搬运。

三、本章各机械设备项目中已含单机试运转和调试工作，成套设备和分系统调试可执行《通用安装工程消耗量》TY 02–31–2021 相应项目。

四、本章设备安装按无外围护条件下施工编制，如在有外围护的施工条件下施工，人工及机械乘以系数 1.15，其他不变。

五、本章涉及轨道安装的设备，如移动式格栅除污机、桁车式刮泥机等，其轨道及相应附件安装执行《通用安装工程消耗量》TY 02–31–2021 相应项目。

六、本章中各类设备的预埋件及设备基础二次灌浆，均另外计算。

七、冲洗装置根据设计内容执行《通用安装工程消耗量》TY 02–31–2021 相应项目。

八、本章中曝气机、臭氧消毒、除臭、膜处理、氯吸收装置、转盘过滤器等设备安装项目仅设置了其主体设备的安装内容，与主体设备配套的管路系统（管道、阀门、法兰、泵）、风路系统、电气系统、控制系统等，应根据其设计或二次设计内容执行《通用安装工程消耗量》TY 02–31–2021 相应项目。

九、本章中布气钢管以及其他金属管道防腐，执行《通用安装工程消耗量》TY 02–31–2021 相应项目。

十、各节有关说明。

1. 格栅组对的胎具制作，另行计算。

2. 格栅、平板格网制作安装按现场加工制作、组件拼装施工编制。采用成品格栅和成品平板格网时，执行格栅整体安装和平板格网整体安装项目。

3. 格栅、平板格网现场拼装指在设计位置处搭设拼装支架、拼装平台或采用其他悬挂操作设施，将单元构件分件（或分块）吊至设计位置，在操作平台上进行组件拼装，经过焊接、螺栓连接工序成为整体。

格栅、平板格网成品到货整体安装指将整体构件（无须现场拼装工序）进行构件加固、绑扎、翻身起吊、吊装校正就位、焊接或螺栓固定等一系列工序直至稳定。

4. 旋流沉砂器的工作内容不含工作桥安装，发生时工作桥安装执行《通用安装工程消耗量》TY 02–31–2021 相应项目。

5. 桁车式刮泥机在斜管沉淀池中安装，人工、机械消耗量乘以系数 1.05。

6. 吸泥机以虹吸式为准，如采用泵吸式时，人工、机械消耗量乘以系数 1.10。

7. 中心传动吸泥机采用单管式编制，如采用双管式时，人工、机械消耗量乘以系数 1.05。

8. 布气管应执行本章相应项目，与布气管相连的通气管执行《通用安装工程消耗量》TY 02–31–2021 相应项目。布气管与通气管的划分以通气立管的底端与布气管相连的弯头为界。布气管综合考虑了配套管件的安装。

9. 立式混合搅拌机平叶桨、折板桨、螺旋桨按桨叶外径 3m 以内编制，在深度超过 3.5m 的池内安装时，人工、机械消耗量乘以系数 1.05。

10. 管式混合器按“两节”编制，如为“三节”时，人工、材料、机械消耗量乘以系数 1.30。

11. 污泥脱水机械已综合考虑设备安装就位的上排、拐弯、下排，施工方法与项目不同时，不予调整。板框压滤机是按照采用大型起吊设备安装，在支承结构完成后安装板框压滤机，板框压滤机安装就位后再进行厂房土建封闭的安装施工工序编制。

12. 铸铁圆闸门项目已综合考虑升杆式和暗杆式等闸门机构形式，安装深度按6m以内编制，使用时除深度大于6m外，其他均不予调整。铸铁方闸门以带门框座为准，其安装深度按6m以内编制。

闸门项目含闸槽安装，已综合考虑单吊点、双吊点的因素；因闸门开启方向和进出水的方式不同时，不予调整，均执行本章相应项目。

13. 铸铁堰门安装深度按3m以内编制。

14. 启闭机安装深度按手轮式为3m、手摇式为4.5m、电动为6m以内编制。

15. 集水槽制作已包括了钻孔或铣孔的用工和机械，执行时，不得再另计。

16. 碳钢集水槽制作和安装中已包括了除锈和刷一遍防锈漆、二遍调和漆的人工和材料消耗量，不得另计除锈、刷油费用。底漆和面漆因品种和防腐要求不同时，可作换算，其他不变。

17. 碳钢、不锈钢矩形堰板执行齿形堰板相应项目，其人工消耗量乘以系数0.60。

18. 金属齿形堰板安装方法是按有连接板考虑的，非金属堰板安装方法是按无连接板考虑的，如实际安装方法不同，不做调整。

19. 金属堰板安装是按碳钢考虑的，不锈钢堰板按金属堰板相应项目消耗量乘以系数1.20，主材另计，其他不变。

20. 非金属堰板安装适用于玻璃钢和塑料堰板。

21. 斜板、斜管安装按成品编制，不同材质的斜板不做换算。

22. 膜处理设备未包括膜处理系统单元以外的水泵、风机、曝气器、布气管、空压机、仪表、电气控制系统等附属配套设施的安装内容，执行本章相应项目或《通用安装工程消耗量》TY 02-31-2021相应项目。

工程量计算规则

一、格栅除污机、滤网清污机、压榨机、吸砂机、吸泥机、刮吸泥机、撇渣机、砂水分离器、曝气机、搅拌机、推进器、氯吸收装置、带式压滤机、污泥脱水机、污泥浓缩机、污泥浓缩脱水一体机、污泥输送机、污泥切割机、启闭机、臭氧消毒设备、除臭设备、转盘过滤器等区分设备类型、材质、规格、型号和参数，以“台”计算；滗水器区分不同型号及堰长，以“台”计算；巴氏计量槽槽体安装区分不同的渠道和喉宽，以“台”计算；生物转盘区分设备重量，以“台”计算，包括电动机的重量在内。

二、一体化溶药及投加设备、粉料储存投加设备粉料投加机及计量输送机、二氧化氯发生器等设备不分设备类型、规格、型号和参数，以“台”计算；粉料储存投加设备料仓区分料仓不同直径、高度、重量，以“台”计算。

三、膜处理设备区分设备类型、工艺形式、材质结构以及膜处理系统单元产水能力，以“套”计算。

四、紫外线消毒设备以模块组计算。

五、格栅、平板格网、格栅罩区分不同材质以质量计算，集水槽区分不同材质和厚度以质量计算。钢网格支架以质量计算。

六、曝气器区分不同类型按设计图示数量以“个”计算，水射器、管式混合器区分不同公称直径以“个”计算，拍门区分不同材质和公称直径以“个”计算，穿孔管钻孔区分不同材质和公称直径以“个”计算。

七、闸门、旋转门、堰门区分不同尺寸以“座”计算，升杆式铸铁泥阀、平底盖阀区分不同公称直径以“座”计算。

八、布气管区分不同材质和直径以长度计算。

九、堰板制作分别按碳钢、不锈钢区分厚度以面积计算；堰板安装分别按金属和非金属区分厚度以面积计算；斜板、斜管以面积计算。

一、格 栅

1. 格栅制作与安装、整体安装

工作内容： 1. 放样、下料、调直、打孔、机加工、组对、电焊、成品校正、除锈刷油。
2. 成品校正、构件加固、绑扎、翻身起吊、吊装就位、找正、紧固螺栓、电焊固定、清扫。

计量单位： t

编号				6-2-1	6-2-2	6-2-3	6-2-4	6-2-5	6-2-6
项目				格栅制作、安装（t）				格栅整体安装	
				碳钢 0.3 以内	碳钢 0.3 以外	不锈钢 0.3 以内	不锈钢 0.3 以外	碳钢	不锈钢
名称			单位	消耗量					
人工	合计工日		工日	54.553	45.167	59.676	50.656	3.503	3.608
	其中	普工	工日	13.639	11.291	14.919	12.664	0.875	0.901
		一般技工	工日	38.187	31.617	41.773	35.459	2.453	2.527
		高级技工	工日	2.727	2.259	2.984	2.533	0.175	0.180
材料	型钢（综合）		t	（1.060）	（1.060）	—	—	—	—
	不锈钢型钢（综合）		t	—	—	（1.060）	（1.060）	—	—
	型钢（综合）		kg	72.890	72.890	—	—	7.128	—
	不锈钢型钢		kg	—	—	70.200	70.200	—	6.865
	合金钢焊条		kg	9.230	10.760	—	—	4.455	—
	不锈钢焊条（综合）		kg	—	—	9.360	11.160	—	4.824
	镀锌铁丝 ϕ3.5		kg	0.980	0.980	0.980	0.980	0.400	0.400
	板枋材		m^3	0.008	0.008	0.008	0.008	0.003	0.003
	枕木 2 500×250×200		根	0.100	0.100	0.100	0.100	0.040	0.040
	酚醛调和漆		kg	9.200	9.200	—	—	—	—
	防锈漆		kg	21.100	21.100	—	—	—	—
	氧气		m^3	3.830	9.130	—	—	0.069	—
	乙炔气		kg	1.473	3.512	—	—	0.027	—
	钙基润滑脂		kg	1.500	2.000	1.200	1.500	1.000	1.000
	煤油		kg	6.200	7.500	5.500	6.600	2.000	2.000
	汽油 $70^{\#}$~$90^{\#}$		kg	8.318	8.318	—	—	—	—
	硝酸纯度 98%		kg	—	—	2.000	2.000	—	—
	氢氟酸 45%		kg	—	—	1.000	1.000	—	—
	其他材料费		%	2.00	2.00	2.00	2.00	2.00	2.00
机械	汽车式起重机 8t		台班	2.185	2.018	2.185	2.018	—	—
	等离子切割机 400A		台班	—	—	0.039	0.118	—	—
	电动双筒慢速卷扬机 50kN		台班	1.999	1.999	1.999	1.999	—	—
	普通车床 400×2 000		台班	0.575	—	0.575	—	—	—
	立式钻床 50mm		台班	2.742	—	2.742	—	—	—
	直流弧焊机 20kV·A		台班	—	—	1.858	2.222	—	0.894
	直流弧焊机 32kV·A		台班	1.862	2.170	—	—	0.893	—
	汽车式起重机 25t		台班	—	—	—	—	0.140	0.140
	载重汽车 8t		台班	—	—	—	—	0.026	0.026
	电焊条烘干箱 45×35×45（cm^3）		台班	0.186	0.217	0.186	0.222	0.089	0.089

2. 平板格网制作与安装、整体安装

工作内容：放样、下料、调直、打孔、机加工、组对、点焊、成品校正、除锈刷漆。　　**计量单位：**t

编号				6-2-7	6-2-8
项目				平板格网制作、安装	
				碳钢	不锈钢
名称			单位	消耗量	
人工	合计工日		工日	51.310	56.300
	其中	普工	工日	12.827	14.075
		一般技工	工日	35.917	39.410
		高级技工	工日	2.566	2.815
材料	型钢（综合）		t	1.132	—
	不锈钢型钢（综合）		t	—	1.130
	镀锌铁丝 ϕ2.5~1.4		kg	0.950	0.950
	枕木 2 500×250×200		根	0.100	0.100
	木材（成材）		m^3	0.008	0.008
	低碳钢焊条 J422（综合）		kg	8.488	—
	不锈钢焊条（综合）		kg	—	8.620
	不锈钢丝网		m^2	—	21.000
	钢丝网（综合）		m^2	21.000	—
	红丹防锈漆		kg	18.990	—
	调和漆		kg	8.280	—
	氢氟酸 45%		kg	1.080	0.900
	硝酸		kg	—	1.800
	氧气		m^3	3.470	—
	乙炔气		kg	1.335	—
	钙基润滑脂		kg	1.450	1.180
	煤油		kg	5.780	5.150
	汽油（综合）		kg	7.560	—
	其他材料费		%	2.00	2.00
机械	汽车式起重机 8t		台班	2.109	1.987
	等离子切割机 400A		台班	—	0.039
	电动双筒慢速卷扬机 50kN		台班	2.110	1.814
	普通车床 400×2 000		台班	—	0.498
	立式钻床 50mm		台班	—	1.989
	直流弧焊机 20kV·A		台班	—	1.846
	直流弧焊机 32kV·A		台班	2.689	—
	电焊条烘干箱 45×35×45（cm^3）		台班	0.269	0.185

工作内容： 成品校正、构件加固、绑扎、翻身起吊、吊装就位、找正、紧固螺栓、电焊固定、清扫。

计量单位：t

编号			6-2-9	6-2-10
项目			平板格网整体安装	
			碳钢	不锈钢
名称		单位	消耗量	
人工	合计工日	工日	3.338	3.438
	其中 普工	工日	0.835	0.860
	其中 一般技工	工日	2.336	2.406
	其中 高级技工	工日	0.167	0.172
材料	型钢（综合）	kg	7.128	—
	低碳钢焊条 J422（综合）	kg	4.445	—
	不锈钢型钢	kg	—	6.865
	不锈钢焊条（综合）	kg	—	4.824
	板枋材	m^3	0.003	0.003
	镀锌铁丝 ϕ2.5~1.4	kg	0.400	0.400
	氧气	m^3	0.069	—
	乙炔气	kg	0.027	—
	钙基润滑脂	kg	1.000	1.000
	煤油	kg	2.000	2.000
	其他材料费	%	2.00	2.00
机械	汽车式起重机 25t	台班	0.134	0.134
	载重汽车 8t	台班	0.026	0.026
	直流弧焊机 20kV·A	台班	—	0.965
	直流弧焊机 32kV·A	台班	0.964	—
	电焊条烘干箱 45×35×45（cm^3）	台班	0.096	0.097

3. 格栅罩制作与安装

工作内容：放样、下料、调直、打孔、机加工、组对、焊接、除锈刷漆。　　　　**计量单位：**t

编号				6-2-11	6-2-12
项目				格栅罩制作	
				碳钢	不锈钢
名称			单位	消耗量	
人工	合计工日		工日	30.145	35.420
	其中	普工	工日	7.536	8.855
		一般技工	工日	21.101	24.794
		高级技工	工日	1.508	1.771
材料	型钢（综合）		t	（1.060）	—
	不锈钢型钢（综合）		t	—	（1.060）
	镀锌铁丝 ϕ2.5~1.4		kg	0.404	0.404
	枕木 2 500×250×200		根	0.042	0.042
	木材（成材）		m^3	0.003	0.032
	不锈钢焊条（综合）		kg	—	11.660
	氢氟酸 45%		kg	—	0.820
	硝酸		kg	—	1.600
	低碳钢焊条 J422（综合）		kg	11.484	—
	调和漆		kg	7.544	—
	防锈漆		kg	17.302	—
	氧气		m^3	7.832	—
	乙炔气		kg	3.012	—
	尼龙砂轮片 ϕ100×16×3		片	0.537	0.301
	钙基润滑脂		kg	0.816	0.408
	煤油		kg	4.488	3.754
	汽油（综合）		kg	6.854	—
	其他材料费		%	2.00	2.00
机械	汽车式起重机 16t		台班	0.775	0.775
	刨边机 12 000mm		台班	0.025	0.014
	液压机 500kN		台班	0.014	0.012
	卷板机 20×2 500		台班	0.027	0.022
	剪板机 20×2 500		台班	0.010	0.010
	电动空气压缩机 6m^3/min		台班	0.002	—
	等离子切割机 400A		台班	—	0.102
	电动单梁起重机 5t		台班	0.030	0.021
	电动双筒慢速卷扬机 50kN		台班	0.857	0.857
	直流弧焊机 20kV·A		台班	2.095	1.597
	电焊条烘干箱 45×35×45（cm^3）		台班	0.210	0.160

工作内容：点焊、成品校正、除锈刷油。　　**计量单位：**t

编号				6-2-13	6-2-14
项目				格栅罩安装	
				碳钢	不锈钢
名称			单位	消耗量	
人工	合计工日		工日	7.247	7.464
	其中	普工	工日	1.812	1.866
		一般技工	工日	5.073	5.225
		高级技工	工日	0.362	0.373
材料	镀锌铁丝 ϕ2.5~1.4		kg	3.030	3.030
	枕木		m^3	0.037	0.037
	板枋材		m^3	0.026	0.026
	低碳钢焊条 J422 ϕ3.2		kg	0.666	—
	不锈钢焊条（综合）		kg	—	0.715
	平垫铁 Q195~Q235 1#		块	4.080	4.080
	斜垫铁 Q195~Q235 1#		块	8.160	8.160
	氧气		m^3	0.369	—
	乙炔气		kg	0.142	—
	尼龙砂轮片 ϕ150		片	0.210	0.210
	其他材料费		%	2.00	2.00
机械	汽车式起重机 8t		台班	0.043	0.043
	汽车式起重机 25t		台班	0.128	0.128
	载重汽车 10t		台班	0.043	0.043
	直流弧焊机 20kV·A		台班	0.213	0.213
	电焊条烘干箱 45×35×45（cm^3）		台班	0.021	0.021

二、格栅除污机

1. 移动式格栅除污机

工作内容：开箱点件、基础画线、场内运输、设备吊装就位、精平、组装、附件组装、清洗、检查、加油、无负荷试运转。

计量单位：台

编号				6-2-15	6-2-16	6-2-17	6-2-18	6-2-19	6-2-20
项目				移动式（渠道宽 m 以内）					
				1.2		2		3	
				深（m 以内）					
				5	每增加 1	5	每增加 1	5	每增加 1
名称			单位	消耗量					
人工	合计工日		工日	22.067	1.103	24.278	1.214	27.925	2.792
	其中	普工	工日	5.517	0.276	6.069	0.303	6.981	0.698
		一般技工	工日	15.447	0.772	16.995	0.850	19.547	1.954
		高级技工	工日	1.103	0.055	1.214	0.061	1.397	0.140
材料	镀锌铁丝 ϕ2.5~1.4		kg	3.232	—	3.555	—	4.091	—
	枕木 2 500×250×200		根	0.252	—	0.277	—	0.326	—
	木材（成材）		m^3	0.017	—	0.019	—	0.022	—
	低碳钢焊条 J422（综合）		kg	0.774	—	0.851	—	0.979	—
	钙基润滑脂		kg	4.814	—	5.294	—	6.089	—
	机油 $5^{\#}$~$7^{\#}$		kg	1.648	—	1.813	—	2.163	—
	煤油		kg	3.264	—	3.590	—	4.131	—
	汽油（综合）		kg	1.224	—	1.346	—	1.548	—
	其他材料费		%	2.00	—	2.00	—	2.00	—
机械	汽车式起重机 8t		台班	0.313	0.032	0.344	0.035	0.396	0.060
	载重汽车 8t		台班	0.082	0.008	0.090	0.009	0.104	0.016
	直流弧焊机 32kV·A		台班	0.154	0.015	0.169	0.017	0.170	0.026
	电焊条烘干箱 45×35×45（cm^3）		台班	0.015	0.002	0.017	0.002	0.017	0.003

2. 钢绳牵引式、深链式格栅除污机

工作内容： 开箱点件、基础画线、场内运输、设备吊装就位、一次灌浆、精平、组装、附件组装、清洗、检查、加油、无负荷试运转。

计量单位：台

编号				6-2-21	6-2-22	6-2-23	6-2-24
项目				钢绳牵引式、深链式（渠道宽 m 以内）			
				1.2		2	
				渠道深（m 以内）			
				5	每增加 1	5	每增加 1
名称			单位	消耗量			
人工	合计工日		工日	23.277	1.164	26.380	1.319
	其中	普工	工日	5.819	0.291	6.595	0.330
		一般技工	工日	16.294	0.815	18.466	0.923
		高级技工	工日	1.164	0.058	1.319	0.066
材料	镀锌铁丝 ϕ2.5~1.4		kg	3.030	—	3.030	—
	枕木 2 500×250×200		根	0.315	—	0.315	—
	木材（成材）		m^3	0.024	—	0.024	—
	水泥 P·O 42.5		kg	67.442	—	67.442	—
	砂子（中砂）		m^3	0.118	—	0.118	—
	碎石 10		m^3	0.130	—	0.130	—
	低碳钢焊条 J422（综合）		kg	2.717	—	2.717	—
	平垫铁 Q195~Q235 $1^{\#}$		块	4.080	—	4.080	—
	斜垫铁 Q195~Q235 $1^{\#}$		块	8.160	—	8.160	—
	钙基润滑脂		kg	4.590	—	4.590	—
	煤油		kg	4.131	—	4.131	—
	汽油（综合）		kg	1.153	—	1.153	—
	机油 $5^{\#}$~$7^{\#}$		kg	1.627	—	1.627	—
	其他材料费		%	2.00	—	2.00	—
机械	汽车式起重机 8t		台班	0.574	0.057	0.606	0.061
	载重汽车 8t		台班	0.122	0.012	0.130	0.013
	直流弧焊机 32kV·A		台班	0.480	0.048	0.480	0.048
	电焊条烘干箱 45×35×45（cm^3）		台班	0.048	0.005	0.048	0.005

工作内容：开箱点件、基础画线、场内运输、设备吊装就位、一次灌浆、精平、组装、附件组装、清洗、检查、加油、无负荷试运转。

计量单位：台

编　号				6-2-25	6-2-26	6-2-27	6-2-28
项　目				钢绳牵引式、深链式（渠道宽 m 以内）			
				3		4	
				渠道深（m 以内）			
				5	每增加 1	5	每增加 1
名　称			单位	消　耗　量			
人工	合计工日		工日	32.123	1.552	40.347	2.017
	其中	普工	工日	8.031	0.388	10.087	0.504
		一般技工	工日	22.486	1.086	28.243	1.412
		高级技工	工日	1.606	0.078	2.017	0.101
材料	镀锌铁丝 ϕ2.5~1.4		kg	3.535	—	4.040	—
	枕木 2 500 × 250 × 200		根	0.315	—	0.420	—
	木材（成材）		m^3	0.028	—	0.041	—
	水泥 P·O 42.5		kg	85.048	—	128.816	—
	砂子（中砂）		m^3	0.149	—	0.225	—
	碎石 10		m^3	0.162	—	0.247	—
	低碳钢焊条 J422（综合）		kg	2.926	—	3.740	—
	平垫铁 Q195~Q235 1#		块	4.080	—	4.080	—
	斜垫铁 Q195~Q235 1#		块	8.160	—	8.160	—
	钙基润滑脂		kg	6.018	—	8.058	—
	煤油		kg	5.151	—	4.162	—
	汽油（综合）		kg	1.173	—	1.683	—
	机油 5#~7#		kg	2.142	—	7.262	—
	其他材料费		%	2.00	—	2.00	—
机械	汽车式起重机 8t		台班	0.673	0.067	0.723	0.108
	载重汽车 8t		台班	0.134	0.014	0.154	0.023
	直流弧焊机 32kV·A		台班	0.522	0.052	0.667	0.100
	电焊条烘干箱 45 × 35 × 45（cm^3）		台班	0.052	0.005	0.067	0.010

3. 反捞式、回转式、齿耙式格栅除污机

工作内容: 开箱点件、基础画线、场内运输、设备吊装就位、一次灌浆、精平、组装、附件组装、清洗、检查、加油、无负荷试运转。

计量单位: 台

编号				6-2-29	6-2-30	6-2-31	6-2-32
项目				反捞式、回转式、齿耙式(渠道宽 m 以内)			
				0.8		1.5	
				渠道深(m 以内)			
				3	每增加 1	3	每增加 1
名称			单位	消耗量			
人工	合计工日		工日	15.519	0.776	17.069	0.853
	其中	普工	工日	3.880	0.194	4.267	0.213
		一般技工	工日	10.863	0.543	11.949	0.597
		高级技工	工日	0.776	0.039	0.853	0.043
材料	镀锌铁丝 ϕ2.5~1.4		kg	3.030	—	3.030	—
	木材(成材)		m^3	0.024	—	0.024	—
	枕木 2 500×250×200		根	0.315	—	0.315	—
	水泥 P·O 42.5		kg	85.048	—	85.048	—
	砂子(中砂)		m^3	0.149	—	0.149	—
	碎石 10		m^3	0.162	—	0.162	—
	低碳钢焊条 J422(综合)		kg	2.717	—	2.717	—
	平垫铁 Q195~Q235 1#		块	4.080	—	4.080	—
	斜垫铁 Q195~Q235 1#		块	8.160	—	8.160	—
	钙基润滑脂		kg	4.590	—	4.590	—
	机油 5#~7#		kg	1.627	—	1.627	—
	煤油		kg	4.131	—	4.131	—
	汽油(综合)		kg	1.153	—	1.153	—
	其他材料费		%	2.00	—	2.00	—
机械	汽车式起重机 8t		台班	0.108	0.057	0.632	0.063
	载重汽车 8t		台班	0.023	0.012	0.134	0.014
	直流弧焊机 32kV·A		台班	0.480	0.048	0.480	0.048
	电焊条烘干箱 45×35×45(cm^3)		台班	0.048	0.005	0.048	0.005

工作内容：开箱点件、基础画线、场内运输、设备吊装就位、一次灌浆、精平、组装、附件组装、清洗、检查、加油、无负荷试运转。

计量单位：台

编　号			6-2-33	6-2-34	6-2-35	6-2-36
项　目			反捞式、回转式、齿耙式（渠道宽 m 以内）			
			2		3	
			渠道深（m 以内）			
			3	每增加 1	3	每增加 1
名　称		单位	消　耗　量			
人工	合计工日	工日	20.561	1.008	27.157	1.357
人工	其中 普工	工日	5.140	0.252	6.789	0.339
人工	其中 一般技工	工日	14.393	0.706	19.010	0.950
人工	其中 高级技工	工日	1.028	0.050	1.358	0.068
材料	镀锌铁丝 ϕ2.5~1.4	kg	3.535	—	4.040	—
材料	木材（成材）	m^3	0.028	—	0.041	—
材料	枕木 2 500×250×200	根	0.315	—	0.420	—
材料	水泥 P·O 42.5	kg	166.260	—	128.816	—
材料	砂子（中砂）	m^3	0.347	—	0.225	—
材料	碎石 10	m^3	0.428	—	0.247	—
材料	低碳钢焊条 J422（综合）	kg	2.926	—	3.740	—
材料	平垫铁 Q195~Q235 1#	块	4.080	—	4.080	—
材料	斜垫铁 Q195~Q235 1#	块	8.160	—	8.160	—
材料	钙基润滑脂	kg	6.018	—	8.058	—
材料	机油 5#~7#	kg	2.142	—	4.202	—
材料	煤油	kg	5.151	—	7.191	—
材料	汽油（综合）	kg	1.173	—	1.683	—
材料	其他材料费	%	2.00	—	2.00	—
机械	汽车式起重机 8t	台班	0.673	0.067	0.673	0.067
机械	载重汽车 8t	台班	0.134	0.014	0.154	0.015
机械	直流弧焊机 32kV·A	台班	0.522	0.052	0.667	0.067
机械	电焊条烘干箱 45×35×45（cm^3）	台班	0.052	0.005	0.067	0.007

4. 转鼓式格栅除污机

工作内容： 开箱点件、基础画线、场内运输、设备吊装就位、一次灌浆、精平、组装、附件组装、清洗、检查、加油、无负荷试运转。

计量单位： 台

			编号	6-2-37	6-2-38	6-2-39
项目				转鼓式（直径 m 以内）		
				1	2	3
名称			单位	消耗量		
人工	合计工日		工日	11.948	16.294	19.087
	其中	普工	工日	2.987	4.073	4.772
		一般技工	工日	8.364	11.406	13.361
		高级技工	工日	0.597	0.815	0.954
材料	镀锌铁丝 ϕ2.5~1.4		kg	3.030	3.535	4.040
	木材（成材）		m^3	0.024	0.028	0.041
	枕木 2 500×250×200		根	0.315	0.315	0.420
	水泥 P·O 42.5		kg	67.442	67.442	128.816
	砂子（中砂）		m^3	0.118	0.118	0.225
	碎石 10		m^3	0.130	0.130	0.247
	低碳钢焊条 J422（综合）		kg	2.717	2.926	3.740
	平垫铁 Q195~Q235 1#		块	4.080	4.080	4.080
	斜垫铁 Q195~Q235 1#		块	8.160	8.160	8.160
	钙基润滑脂		kg	4.590	6.018	8.058
	机油 5#~7#		kg	1.627	2.142	4.202
	煤油		kg	4.131	5.151	7.191
	汽油（综合）		kg	1.153	1.173	1.683
	其他材料费		%	2.00	2.00	2.00
机械	汽车式起重机 8t		台班	0.638	0.731	0.860
	载重汽车 8t		台班	0.136	0.170	0.172
	直流弧焊机 32kV·A		台班	0.538	0.667	0.741
	电焊条烘干箱 45×35×45（cm^3）		台班	0.054	0.067	0.074

三、滤网清污机

工作内容：开箱点件、基础画线、场内运输、设备吊装就位、一次灌浆、精平、组装、附件组装、清洗、检查、加油、无负荷试运转。

计量单位：台

编号			6-2-40	6-2-41	6-2-42	6-2-43	6-2-44
项目			滤网清污机（渠道宽 m 以内）				
			1.5	2.5	3.5	4	4.5
			渠道深（m 以内）				
			6	10		12	
名称		单位	消耗量				
人工	合计工日	工日	30.451	33.324	36.277	40.968	45.574
人工	其中 普工	工日	7.613	8.331	9.069	10.242	11.393
人工	其中 一般技工	工日	21.315	23.327	25.394	28.678	31.902
人工	其中 高级技工	工日	1.523	1.666	1.814	2.048	2.279
材料	钢板 δ3~10	kg	1.260	1.575	1.890	2.100	2.310
材料	镀锌铁丝 ϕ2.5~1.4	kg	3.030	3.535	3.535	3.535	4.040
材料	木材（成材）	m^3	0.020	0.022	0.024	0.026	0.028
材料	枕木 2 500×250×200	根	0.315	0.315	0.315	0.315	0.315
材料	水泥 P·O 42.5	kg	67.442	74.185	81.600	89.964	98.960
材料	砂子（中砂）	m^3	0.118	0.131	0.144	0.158	0.174
材料	碎石 10	m^3	0.130	0.142	0.156	0.171	0.189
材料	低碳钢焊条 J422（综合）	kg	2.310	2.530	2.640	2.860	3.080
材料	平垫铁 Q195~Q235 1#	块	4.080	4.080	4.080	4.080	4.080
材料	斜垫铁 Q195~Q235 1#	块	8.160	8.160	8.160	8.160	8.160
材料	氧气	m^3	0.330	0.330	0.330	0.330	0.330
材料	乙炔气	kg	0.127	0.127	0.127	0.127	0.127
材料	钙基润滑脂	kg	3.570	4.080	4.080	4.896	5.100
材料	机油 5#~7#	kg	1.545	2.060	2.575	3.296	4.120
材料	煤油	kg	3.060	4.080	5.100	6.120	8.160
材料	汽油（综合）	kg	1.020	1.224	1.428	1.530	1.530
材料	其他材料费	%	1.50	1.50	1.50	1.50	1.50
机械	载重汽车 8t	台班	0.163	0.198	—	—	—
机械	载重汽车 10t	台班	—	—	—	0.357	—
机械	载重汽车 12t	台班	—	—	0.306	—	0.374
机械	汽车式起重机 8t	台班	0.791	1.020	1.284	—	—
机械	汽车式起重机 12t	台班	—	—	—	—	0.374
机械	汽车式起重机 16t	台班	—	—	—	1.480	1.675
机械	直流弧焊机 32kV·A	台班	0.457	0.502	0.523	0.567	0.610
机械	电焊条烘干箱 45×35×45（cm^3）	台班	0.046	0.050	0.052	0.057	0.061

四、压 榨 机

1. 螺旋输送压榨机

工作内容：开箱点件、基础画线、场内运输、设备吊装就位、一次灌浆、精平、组装、附件组装、清洗、检查、加油、无负荷试运转。

计量单位：台

编 号				6-2-45	6-2-46	6-2-47	6-2-48
项 目				螺旋输送压榨机（螺旋直径 mm 以内）			
				300		550	
				基本输送长（3m 以内）	输送长（每增加输送长 2m 以内）	基本输送长（3m 以内）	输送长（每增加输送长 2m 以内）
名 称			单位	消 耗 量			
人工	合计工日		工日	4.389	0.440	6.525	0.653
	其中	普工	工日	1.097	0.110	1.631	0.163
		一般技工	工日	3.072	0.308	4.568	0.457
		高级技工	工日	0.220	0.022	0.326	0.033
材料	热轧薄钢板 δ1.0~3		kg	0.297	—	0.477	—
	镀锌铁丝（综合）		kg	2.000	—	3.090	—
	木板		m^3	0.006	—	0.022	—
	水泥 P·O 42.5		kg	31.059	—	41.412	—
	砂子（中砂）		m^3	0.055	—	0.069	—
	碎石（综合）		m^3	0.055	—	0.083	—
	低碳钢焊条 J422（综合）		kg	0.508	—	0.693	—
	平垫铁 Q195~Q235 1#		块	4.080	—	4.080	—
	斜垫铁 Q195~Q235 1#		块	8.160	—	8.160	—
	厚漆		kg	0.492	—	0.666	—
	钙基润滑脂		kg	1.370	—	2.009	—
	汽油（综合）		kg	0.677	—	1.040	—
	煤油		kg	2.978	—	3.803	—
	机油		kg	0.448	—	1.248	—
	其他材料费		%	1.50	—	1.50	—
机械	叉式起重机 5t		台班	0.068	0.007	0.136	0.014
	直流弧焊机 32kV·A		台班	0.272	0.027	0.272	0.027
	电焊条烘干箱 45×35×45（cm^3）		台班	0.027	0.003	0.027	0.003

2. 螺旋压榨机

工作内容： 开箱点件、基础画线、场内运输、设备吊装就位、一次灌浆、精平、组装、附件组装、清洗、检查、加油、无负荷试运转。

计量单位： 台

编号				6-2-49	6-2-50
项目				螺旋压榨机（螺旋直径 mm 以内）	
				300	550
名称			单位	消耗量	
人工	合计工日		工日	4.661	5.593
	其中	普工	工日	1.165	1.398
		一般技工	工日	3.263	3.915
		高级技工	工日	0.233	0.280
材料	热轧薄钢板 δ1.0~3.0		kg	0.119	0.191
	镀锌铁丝 ϕ2.8~4.0		kg	0.784	1.177
	木板		m^3	0.003	0.009
	水泥 P·O 42.5		kg	12.424	16.565
	砂子		m^3	0.022	0.028
	碎石（综合）		m^3	0.022	0.033
	石棉编绳（综合）		kg	0.179	0.270
	低碳钢焊条 J422（综合）		kg	0.203	0.277
	平垫铁 Q195~Q235 1#		块	4.080	4.080
	斜垫铁 Q195~Q235 1#		块	8.160	8.160
	铅油（厚漆）		kg	0.197	0.267
	汽油（综合）		kg	0.271	0.416
	煤油		kg	1.191	1.521
	机油		kg	0.358	0.499
	钙基润滑脂		kg	0.548	0.804
	其他材料费		%	1.50	1.50
机械	叉式起重机 5t		台班	0.040	0.080
	电动单筒慢速卷扬机 50kN		台班	0.040	0.080
	交流弧焊机 32kV·A		台班	0.160	0.160
	电焊条烘干箱 45×35×45（cm^3）		台班	0.016	0.016

五、吸　砂　机

1. 移动桥式吸砂机

工作内容：开箱点件、基础画线、场内运输、设备吊装就位、精平、组装、附件组装、清洗、检查、加油、无负荷试运转。

计量单位：台

编号				6-2-51	6-2-52	6-2-53	6-2-54	6-2-55	6-2-56
项目				移动桥式（池宽 m）					
				3 以内	6 以内	8 以内	10 以内	12 以内	12 以外
名称			单位	消耗量					
人工	合计工日		工日	17.089	18.643	20.197	20.974	22.527	24.081
	其中	普工	工日	4.272	4.661	5.049	5.243	5.632	6.020
		一般技工	工日	11.963	13.050	14.138	14.682	15.769	16.857
		高级技工	工日	0.854	0.932	1.010	1.049	1.126	1.204
材料	镀锌铁丝 ϕ2.8~4.0		kg	2.121	2.576	3.030	3.030	3.030	3.030
	板枋材		m^3	0.015	0.018	0.021	0.021	0.021	0.032
	枕木 2 500 × 250 × 200		根	0.014	0.017	0.020	0.040	0.060	0.080
	低碳钢焊条 J422（综合）		kg	35.805	43.478	51.150	51.150	51.150	51.150
	钢锯条		条	3.080	3.740	4.400	4.400	4.400	4.400
	氧气		m^3	8.316	10.098	11.880	13.640	16.170	16.170
	乙炔气		kg	3.198	3.884	4.569	5.246	6.219	6.219
	砂布		张	1.470	1.785	2.100	2.100	2.100	4.200
	钙基润滑脂		kg	1.428	1.734	2.040	2.040	2.040	2.550
	机油 $5^{\#}$~$7^{\#}$		kg	9.806	11.907	14.008	14.008	14.008	15.759
	煤油		kg	4.855	5.896	6.936	6.936	6.936	7.854
	汽油（综合）		kg	1.714	2.081	2.448	2.448	2.448	2.652
	其他材料费		%	1.00	1.00	1.00	1.00	1.00	1.00
机械	汽车式起重机 8t		台班	0.210	0.255	0.300	0.330	0.350	0.430
	汽车式起重机 16t		台班	0.630	0.765	0.900	1.000	1.130	1.340
	载重汽车 8t		台班	0.203	0.247	0.280	0.310	0.380	0.410
	直流弧焊机 20kV·A		台班	8.350	10.135	11.923	11.923	11.923	11.923
	电焊条烘干箱 45 × 35 × 45（cm^3）		台班	0.084	1.014	1.192	1.192	1.192	1.192

2.沉　砂　器

工作内容：开箱点件、基础画线、场内运输、设备吊装就位、一次灌浆、精平、组装、附件组装、清洗、检查、加油、无负荷试运转。

计量单位：台

编　号				6-2-57
项　目				旋流沉砂器
名　称			单位	消　耗　量
人工	合计工日		工日	14.759
	其中	普工	工日	3.690
		一般技工	工日	10.331
		高级技工	工日	0.738
材料	钢板 δ3~10		kg	21.305
	热轧薄钢板 δ1.0~3.0		kg	0.848
	木材（成材）		m^3	0.011
	枕木 2 000×200×200		根	0.042
	水泥 P·O 42.5		kg	51.765
	砂子（中砂）		m^3	0.092
	碎石（综合）		m^3	0.101
	镀锌铁丝 φ2.8~4.0		kg	2.020
	平垫铁 Q195~Q235 1#		块	4.080
	斜垫铁 Q195~Q235 1#		块	8.160
	低碳钢焊条 J422（综合）		kg	2.860
	氧气		m^3	1.507
	乙炔气		kg	0.580
	钙基润滑脂		kg	2.856
	机油 5#~7#		kg	1.442
	煤油		kg	4.590
	其他材料费		%	1.00
机械	汽车式起重机 8t		台班	0.817
	载重汽车 8t		台班	0.191
	直流弧焊机 20kV·A		台班	0.566
	电焊条烘干箱 45×35×45（cm^3）		台班	0.057

3. 提 砂 系 统

工作内容：开箱检点、基础画线、场内运输、安装就位、组件安装、加油、试运转。 **计量单位：**套

编号				6-2-58	6-2-59
项目				泵提砂系统	气提砂系统
名称			单位	消耗量	
人工	合计工日		工日	6.992	6.215
	其中	普工	工日	1.748	1.554
		一般技工	工日	4.894	4.350
		高级技工	工日	0.350	0.311
材料	热轧薄钢板 δ1.0~3.0		kg	0.201	0.201
	木板		m^3	0.008	0.008
	低碳钢焊条 J422（综合）		kg	0.266	0.880
	镀锌铁丝（综合）		kg	0.808	—
	油浸石棉盘根 ϕ6~10		kg	0.343	—
	氧气		m^3	0.235	0.235
	乙炔气		kg	0.090	0.090
	钙基润滑脂		kg	0.515	0.515
	铅油（厚漆）		kg	0.205	0.248
	机油 $5^{\#}$~$7^{\#}$		kg	1.509	1.509
	汽油（综合）		kg	0.312	0.312
	煤油		kg	1.607	1.607
	其他材料费		%	1.00	1.00
机械	叉式起重机 5t		台班	0.170	0.170
	交流弧焊机 21kV·A		台班	0.085	0.085
	电焊条烘干箱 45×35×45（cm^3）		台班	0.009	0.009

六、刮　泥　机

1. 链条牵引式刮泥机

工作内容：开箱点件、基础画线、场内运输、设备吊装就位、精平、组装、附件组装、清洗、检查、加油、无负荷试运转。

计量单位：台

编号				6-2-60	6-2-61	6-2-62	6-2-63	6-2-64	6-2-65
项目				单链（m）			双链（m）		
				6 以内	10 以内	10 以外	6 以内	10 以内	10 以外
名称			单位	消耗量					
人工	合计工日		工日	45.981	53.991	63.568	59.973	70.364	82.499
	其中	普工	工日	11.495	13.498	15.892	14.994	17.591	20.625
		一般技工	工日	32.187	37.794	44.497	41.981	49.255	57.749
		高级技工	工日	2.299	2.699	3.179	2.998	3.518	4.125
材料	钢板 δ3~10		kg	1.000	1.000	1.000	1.400	1.400	1.400
	镀锌铁丝 ϕ3.5		kg	1.961	2.451	2.942	1.961	2.451	2.942
	板枋材		m^3	0.020	0.020	0.020	0.030	0.030	0.030
	枕木 2 500×250×200		根	0.250	0.300	0.350	0.250	0.300	0.350
	低碳钢焊条 J422（综合）		kg	4.680	4.680	4.680	5.030	5.030	5.030
	氧气		m^3	0.530	0.530	0.530	0.530	0.530	0.530
	乙炔气		kg	0.204	0.204	0.204	0.204	0.204	0.204
	钙基润滑脂		kg	2.623	2.914	3.206	3.400	3.497	3.691
	机油 5#~7#		kg	3.160	3.660	4.160	4.700	4.700	5.200
	煤油		kg	1.208	1.426	1.644	2.080	2.080	2.278
	汽油 70#~90#		kg	0.990	0.990	0.990	0.990	0.990	0.990
	其他材料费		%	2.00	2.00	2.00	2.00	2.00	2.00
机械	汽车式起重机 8t		台班	0.628	0.734	0.938	0.858	0.947	0.274
	汽车式起重机 12t		台班	—	—	—	—	—	0.734
	载重汽车 8t		台班	0.188	0.206	0.233	0.251	0.179	0.269
	直流弧焊机 32kV·A		台班	0.944	0.944	0.944	1.015	1.015	1.015
	电焊条烘干箱 45×35×45（cm^3）		台班	0.094	0.094	0.094	0.102	0.102	0.102

2. 悬挂式中心传动刮泥机

工作内容: 开箱点件、基础画线、场内运输、枕木堆搭设、主梁组对、主梁吊装就位、精平组装、附件组装、清洗、检查、加油、无负荷试运转。

计量单位: 台

编号				6-2-66	6-2-67	6-2-68	6-2-69	6-2-70	6-2-71
项目				池径（m）					
				6 以内	8 以内	10 以内	12 以内	14 以内	14 以外
名称			单位	消耗量					
人工	合计工日		工日	26.140	30.349	34.938	44.235	53.608	64.798
	其中	普工	工日	6.534	7.587	8.734	11.059	13.401	16.199
		一般技工	工日	18.299	21.245	24.457	30.964	37.526	45.359
		高级技工	工日	1.307	1.517	1.747	2.212	2.681	3.240
材料	钢板 δ3~10		kg	11.790	11.790	12.430	12.430	12.430	12.430
	热轧薄钢板 δ1.0~3.0		kg	0.900	0.900	1.000	1.000	1.400	1.400
	钢筋 ϕ10 以内		kg	26.598	26.598	26.598	26.598	26.598	26.598
	无缝钢管 *D*76		m	1.440	1.440	1.440	1.440	1.440	1.440
	镀锌铁丝 ϕ3.5		kg	3.432	3.432	3.432	3.432	3.432	3.432
	紫铜板（综合）		kg	0.100	0.100	0.100	0.100	0.100	0.100
	板枋材		m^3	0.120	0.120	0.160	0.185	0.210	0.210
	枕木 2 500 × 250 × 200		根	0.900	0.900	1.100	1.100	1.100	1.100
	低碳钢焊条 J422（综合）		kg	5.030	5.030	5.030	5.030	5.030	5.030
	氧气		m^3	2.480	2.480	2.480	2.480	2.480	2.480
	乙炔气		kg	0.954	0.954	0.954	0.954	0.954	0.954
	钙基润滑脂		kg	4.469	4.469	4.469	4.469	4.469	4.469
	机油 5#~7#		kg	2.370	2.370	2.500	2.700	2.900	3.100
	煤油		kg	4.951	4.951	4.951	4.951	4.951	4.951
	汽油 70#~90#		kg	0.990	0.990	0.990	0.990	0.990	0.990
	其他材料费		%	2.00	2.00	2.00	2.00	2.00	2.00
机械	汽车式起重机 8t		台班	0.628	0.203	0.230	0.257	0.274	0.301
	汽车式起重机 12t		台班	—	0.531	—	—	—	—
	汽车式起重机 30t		台班	—	—	0.646	0.734	0.849	—
	汽车式起重机 40t		台班	—	—	—	—	—	0.947
	载重汽车 8t		台班	0.188	0.206	0.224	0.251	0.269	0.296
	直流弧焊机 32kV·A		台班	1.015	1.015	1.015	1.015	1.015	1.015
	电焊条烘干箱 45 × 35 × 45（cm^3）		台班	0.102	0.102	0.102	0.102	0.102	0.102

3. 垂架式中心传动刮泥机

工作内容：开箱点件、基础画线、场内运输、枕木堆搭设、脚手架搭设、设备组装、附件组装、清洗、检查、加油、无负荷试运转。

计量单位：台

编号				6-2-72	6-2-73	6-2-74
项目				池径（m 以内）		
				22	30	40
名称			单位	消耗量		
人工	合计工日		工日	118.374	138.283	143.635
	其中	普工	工日	29.594	34.571	35.908
		一般技工	工日	82.862	96.798	100.545
		高级技工	工日	5.918	6.914	7.182
材料	热轧薄钢板 δ1.0~3.0		kg	3.000	4.000	4.000
	钢板 δ3~10		kg	33.040	33.940	33.940
	镀锌铁丝 ϕ3.5		kg	3.236	3.236	3.236
	紫铜板（综合）		kg	0.120	0.150	0.150
	无缝钢管 *DN*50		m	4.150	4.150	4.150
	板枋材		m^3	0.315	0.335	0.350
	枕木 2 500 × 250 × 200		根	2.450	2.450	2.450
	低碳钢焊条 J422（综合）		kg	25.440	27.790	30.000
	氧气		m^3	2.430	2.500	2.620
	乙炔气		kg	0.935	0.962	1.008
	钙基润滑脂		kg	15.271	15.271	15.271
	机油 5#~7#		kg	2.500	3.000	3.500
	煤油		kg	7.922	9.903	11.883
	汽油 70#~90#		kg	4.951	4.951	4.951
	其他材料费		%	2.00	2.00	2.00
机械	汽车式起重机 8t		台班	4.379	5.370	7.112
	汽车式起重机 16t		台班	1.575	1.999	2.265
	汽车式起重机 40t		台班	1.150	1.150	1.150
	载重汽车 10t		台班	0.538	0.690	0.708
	直流弧焊机 32kV·A		台班	5.131	5.606	6.051
	电焊条烘干箱 45 × 35 × 45（cm^3）		台班	0.513	0.561	0.605

4. 桁车式刮泥机

工作内容： 开箱点件、基础画线、场内运输、设备吊装、精平组装、附件组装、清洗、检查、加油、无负荷试运转。

计量单位：台

编号			6-2-75	6-2-76	6-2-77	6-2-78
项目			跨度（m）			
			10 以内	15 以内	20 以内	20 以外
名称		单位	消耗量			
人工	合计工日	工日	31.460	34.179	37.286	48.161
	其中 普工	工日	7.865	8.545	9.322	12.040
	其中 一般技工	工日	22.022	23.925	26.100	33.713
	其中 高级技工	工日	1.573	1.709	1.864	2.408
材料	铁丝（综合）	kg	3.030	3.030	3.535	3.535
	木材（成材）	m^3	0.021	0.032	0.042	0.042
	枕木 2 000×250×200	根	0.042	0.084	0.126	0.126
	砂布	张	2.100	4.200	4.200	4.200
	钢锯条	条	4.400	4.400	4.400	4.400
	低碳钢焊条 J422（综合）	kg	51.150	51.150	57.640	57.640
	氧气	m^3	13.640	16.170	18.040	18.040
	乙炔气	kg	5.246	6.219	6.938	6.938
	钙基润滑脂	kg	2.040	2.550	2.550	2.550
	机油	kg	14.008	15.759	16.274	16.274
	煤油	kg	6.936	7.854	8.160	8.160
	汽油（综合）	kg	2.448	2.652	2.652	2.652
	其他材料费	%	2.00	2.00	2.00	2.00
机械	汽车式起重机 8t	台班	0.281	0.366	0.451	0.476
	汽车式起重机 16t	台班	0.850	1.139	1.513	1.513
	载重汽车 8t	台班	0.264	0.349	0.434	0.459
	直流弧焊机 20kV·A	台班	10.135	10.135	11.421	11.421
	电焊条烘干箱 45×35×45（cm^3）	台班	1.014	1.014	1.142	1.142

七、吸　泥　机

1. 桁车式吸泥机

工作内容： 开箱点件、场内运输、枕木堆搭设、主梁组对、吊装、组件安装、无负荷试运转。

计量单位： 台

编　号				6-2-79	6-2-80	6-2-81	6-2-82
项　目				跨度（m 以内）			
				8	10	12	14
名　称			单位	消　耗　量			
人工	合计工日		工日	51.140	59.722	67.939	80.816
	其中	普工	工日	12.785	14.931	16.985	20.204
		一般技工	工日	35.798	41.805	47.557	56.571
		高级技工	工日	2.557	2.986	3.397	4.041
材料	镀锌铁丝 ϕ3.5		kg	2.942	2.942	2.942	2.942
	枕木 2 500×250×200		根	0.020	0.040	0.060	0.080
	板枋材		m^3	0.020	0.020	0.020	0.030
	低碳钢焊条 J422（综合）		kg	46.500	46.500	46.500	46.500
	氧气		m^3	10.800	12.400	14.700	14.700
	乙炔气		kg	4.154	4.769	5.654	5.654
	钢锯条		条	4.190	4.190	4.190	4.190
	砂布		张	2.000	2.000	2.000	4.000
	钙基润滑脂		kg	1.943	1.943	1.943	2.429
	机油 5#~7#		kg	13.600	13.600	13.600	15.300
	煤油		kg	6.734	6.734	6.734	7.625
	汽油 70#~90#		kg	2.377	2.377	2.377	2.575
	其他材料费		%	2.00	2.00	2.00	2.00
机械	汽车式起重机 8t		台班	0.265	0.292	0.310	0.380
	汽车式起重机 16t		台班	0.796	0.885	—	—
	汽车式起重机 30t		台班	—	—	1.000	1.185
	载重汽车 8t		台班	0.260	0.278	0.305	0.367
	直流弧焊机 20kV·A		台班	9.379	9.379	9.379	9.379
	电焊条烘干箱 45×35×45（cm^3）		台班	0.938	0.938	0.938	0.938

工作内容：开箱点件、基础画线、场内运输、设备吊装、精平组装、附件组装、清洗、检查、加油、无负荷试运转。

计量单位：台

编号				6-2-83	6-2-84	6-2-85
项目				跨度（m 以内）		
				16	18	20
名称			单位	消耗量		
人工	合计工日		工日	92.220	102.741	112.670
	其中	普工	工日	23.055	25.686	28.168
		一般技工	工日	64.554	71.918	78.869
		高级技工	工日	4.611	5.137	5.633
材料	镀锌铁丝 $\phi3.5$		kg	3.432	3.432	3.432
	板枋材		m^3	0.030	0.040	0.040
	枕木 2 500×250×200		根	0.100	0.120	0.150
	低碳钢焊条 J422（综合）		kg	52.400	52.400	52.400
	氧气		m^3	14.700	16.400	16.400
	乙炔气		kg	5.654	6.308	6.308
	钢锯条		条	4.190	4.190	4.190
	砂布		张	4.000	4.000	4.000
	钙基润滑脂		kg	2.429	2.429	2.429
	机油 $5^{\#}$~$7^{\#}$		kg	15.300	15.800	17.000
	煤油		kg	7.625	7.922	8.517
	汽油 $70^{\#}$~$90^{\#}$		kg	2.575	2.575	2.575
	其他材料费		%	2.00	2.00	2.00
机械	汽车式起重机 8t		台班	0.407	0.469	—
	汽车式起重机 12t		台班	—	—	0.495
	汽车式起重机 30t		台班	1.424	—	—
	汽车式起重机 40t		台班	—	1.575	1.637
	载重汽车 8t		台班	0.394	0.457	0.484
	直流弧焊机 20kV·A		台班	10.570	10.570	10.570
	电焊条烘干箱 45×35×45（cm^3）		台班	1.057	1.057	1.057

2. 中心传动单管式吸泥机

工作内容：开箱点件、基础画线、场内运输、枕木堆搭设、脚手架搭设、设备组装、附件组装、清洗、检查、加油、无负荷试运转。

计量单位：台

编　号				6-2-86	6-2-87	6-2-88	6-2-89	6-2-90
项　目				池径（m 以内）				
				25	30	35	40	50
名　称			单位	消　耗　量				
人工	合计工日		工日	55.929	64.319	73.967	85.060	97.823
	其中	普工	工日	13.982	16.080	18.492	21.265	24.455
		一般技工	工日	39.151	45.023	51.777	59.542	68.476
		高级技工	工日	2.796	3.216	3.698	4.253	4.892
材料	热轧薄钢板 $\delta1.0\sim3.0$		kg	43.090	43.090	43.090	43.090	43.090
	钢板 $\delta3\sim10$		kg	4.095	4.095	4.095	4.095	4.095
	铁丝 $\phi4.0\sim2.8$		kg	4.333	4.767	5.252	5.757	6.363
	紫铜板（综合）		kg	0.165	0.207	0.233	0.254	0.286
	无缝钢管 $DN50$		m	5.503	5.503	6.324	6.324	6.936
	木材（成材）		m^3	0.471	0.505	0.578	0.630	0.693
	枕木 2 500 × 250 × 200		根	3.413	3.413	3.917	3.917	4.305
	棉纱线		kg	7.878	7.878	9.060	9.060	10.504
	低碳钢焊条 J422（综合）		kg	34.506	57.729	66.385	79.992	103.983
	氧气		m^3	13.270	16.559	19.041	31.856	41.415
	乙炔气		kg	5.104	6.369	7.323	12.252	15.929
	铬不锈钢电焊条		kg	0.458	0.510	0.550	0.611	0.686
	钙基润滑脂		kg	20.845	22.950	23.970	26.520	29.070
	机油		kg	3.348	4.017	4.620	5.099	5.614
	煤油		kg	10.608	13.260	15.249	16.779	18.462
	汽油（综合）		kg	6.630	7.293	7.619	8.384	9.231
	其他材料费		%	2.00	2.00	2.00	2.00	2.00
机械	汽车式起重机 8t		台班	6.749	8.271	9.098	10.200	13.260
	汽车式起重机 16t		台班	1.870	2.431	2.674	2.329	3.028
	汽车式起重机 40t		台班	1.437	1.105	1.105	1.105	1.105
	载重汽车 10t		台班	1.105	0.818	0.988	0.723	0.940
	直流弧焊机 32kV·A		台班	5.259	8.798	9.678	15.849	20.604
	电焊条烘干箱 45 × 35 × 45（cm^3）		台班	0.526	0.880	0.968	1.585	2.060

八、刮 吸 泥 机

1. 周边传动刮吸泥机

工作内容： 开箱点件、基础画线、场内运输、设备吊装、精平组装、附件组装、清洗、检查、加油、无负荷试运转。

计量单位： 台

编号				6-2-91	6-2-92	6-2-93	6-2-94	6-2-95	6-2-96
项目				池径（m 以内）					
				15	20	25	30	40	50
名称			单位	消耗量					
人工	合计工日		工日	64.008	80.011	97.100	116.753	128.639	165.692
	其中	普工	工日	16.002	20.003	24.275	29.188	32.160	41.423
		一般技工	工日	44.806	56.007	67.970	81.727	90.047	115.984
		高级技工	工日	3.200	4.001	4.855	5.838	6.432	8.285
材料	热轧薄钢板 δ1.0~3.0		kg	2.668	3.335	6.642	6.642	13.904	15.555
	钢板 δ3~10		kg	31.624	39.530	44.417	44.417	57.740	59.196
	紫铜板 δ0.05~0.3		kg	8.819	11.024	11.024	11.024	11.024	11.024
	木材（成材）		m^3	0.011	0.014	0.055	0.055	0.109	0.162
	枕木 2 500×250×200		根	0.011	0.014	0.014	0.014	0.055	0.116
	钢锯条		条	4.576	5.720	5.720	5.720	5.720	9.724
	低碳钢焊条 J422（综合）		kg	43.037	53.797	60.503	60.503	77.978	81.360
	氧气		m^3	16.954	21.193	23.924	23.924	35.593	40.816
	乙炔气		kg	6.521	8.151	9.202	9.202	13.690	15.698
	六角螺栓 M30 以外		套	3.182	3.978	6.630	6.630	13.260	16.005
	钙基润滑脂		kg	11.064	13.830	13.830	13.830	13.830	13.830
	机油 $5^{\#}$~$7^{\#}$		kg	5.356	6.695	6.695	6.695	6.695	6.695
	煤油		kg	8.402	10.502	11.881	11.881	15.276	15.915
	汽油（综合）		kg	4.010	5.012	6.590	6.590	7.916	8.002
	其他材料费		%	2.00	2.00	2.00	2.00	2.00	2.00
机械	汽车式起重机 8t		台班	5.426	6.783	8.279	7.608	10.251	11.524
	汽车式起重机 16t		台班	1.408	1.760	2.100	2.329	2.550	3.057
	汽车式起重机 40t		台班	0.880	1.105	1.105	1.105	1.105	1.105
	载重汽车 10t		台班	0.587	0.587	0.646	0.706	0.748	1.033
	直流弧焊机 32kV·A		台班	8.199	9.220	10.226	10.226	11.885	13.788
	电焊条烘干箱 45×35×45（cm^3）		台班	0.820	0.922	1.023	1.023	1.189	1.379

九、撇　渣　机

1. 桁车式提板刮泥撇渣机

工作内容：开箱点件、场内运输、枕木堆搭设、主梁组对、吊装、组件安装、无负荷试运转。

计量单位：台

编　号			6-2-97	6-2-98	6-2-99	6-2-100	6-2-101	6-2-102
项　目			池宽（m 以内）					
			8	10	12	14	16	20
名　称		单位	消　耗　量					
人工	合计工日	工日	85.567	94.386	96.831	100.487	104.375	127.134
	其中 普工	工日	21.392	23.597	24.207	25.122	26.094	31.784
	其中 一般技工	工日	59.896	66.070	67.782	70.341	73.062	88.993
	其中 高级技工	工日	4.279	4.719	4.842	5.024	5.219	6.357
材料	镀锌铁丝 ϕ3.5	kg	1.961	1.961	2.451	2.451	2.942	2.942
	板枋材	m^3	0.010	0.010	0.020	0.030	0.040	0.050
	枕木 2 500×250×200	根	0.020	0.030	0.040	0.050	0.080	0.100
	低碳钢焊条 J422（综合）	kg	1.600	1.600	1.800	1.800	2.000	2.000
	氧气	m^3	0.600	0.600	0.800	0.800	1.000	1.000
	乙炔气	kg	0.231	0.231	0.308	0.308	0.385	0.385
	钢锯条	条	4.190	4.190	4.190	4.190	4.190	4.190
	钙基润滑脂	kg	1.943	1.943	2.137	2.331	2.429	2.429
	机油 $5^{\#}$~$7^{\#}$	kg	4.800	5.800	7.500	8.800	9.600	11.600
	煤油	kg	2.377	2.872	3.466	4.456	4.753	6.239
	汽油 $70^{\#}$~$90^{\#}$	kg	0.990	0.990	1.188	1.386	1.485	1.981
	其他材料费	%	2.00	2.00	2.00	2.00	2.00	2.00
机械	汽车式起重机 8t	台班	0.301	0.310	0.336	0.389	0.460	0.495
	汽车式起重机 16t	台班	0.947	—	—	—	—	—
	汽车式起重机 30t	台班	—	1.035	1.097	1.274	1.486	1.637
	载重汽车 8t	台班	0.296	0.305	0.323	0.385	0.448	0.484
	直流弧焊机 32kV·A	台班	0.323	0.323	0.363	0.363	0.404	0.404
	电焊条烘干箱 45×35×45（cm^3）	台班	0.032	0.032	0.036	0.036	0.040	0.040

2. 链板式刮泥、刮砂、撇渣机

工作内容：开箱点件、场内运输、枕木堆搭设、主梁组对、吊装、组件安装、无负荷试运转。

计量单位：台

编号				6-2-103	6-2-104	6-2-105	6-2-106	6-2-107	6-2-108
项目				池宽（m 以内）					
				3		5		8	
				基本池长（m 以内）					
				20	每增加 5	20	每增加 5	20	每增加 5
名称			单位	消耗量					
人工	合计工日		工日	44.433	4.443	52.123	5.213	61.141	6.114
	其中	普工	工日	11.108	1.111	13.031	1.303	15.285	1.528
		一般技工	工日	31.103	3.110	36.486	3.649	42.799	4.280
		高级技工	工日	2.222	0.222	2.606	0.261	3.057	0.306
材料	钢板 δ3~10		kg	1.484	—	1.484	—	1.484	—
	镀锌铁丝 ϕ2.5~1.4		kg	2.020	—	2.525	—	3.030	—
	木材（成材）		m^3	0.032	—	0.032	—	0.032	—
	枕木 2 500×250×200		根	0.263	—	0.315	—	0.368	—
	低碳钢焊条 J422（综合）		kg	5.533	—	5.533	—	6.086	—
	氧气		m^3	0.583	—	0.583	—	0.583	—
	乙炔气		kg	0.224	—	0.224	—	0.224	—
	钙基润滑脂		kg	3.570	—	3.672	—	3.774	—
	机油 $5^{\#}$~$7^{\#}$		kg	4.841	—	4.841	—	4.986	—
	煤油		kg	2.142	—	2.142	—	2.142	—
	汽油（综合）		kg	1.020	—	1.020	—	1.020	—
	其他材料费		%	2.00	—	2.00	—	2.00	—
机械	汽车式起重机 8t		台班	0.660	0.099	0.728	0.109	0.764	0.115
	载重汽车 8t		台班	0.190	0.029	0.136	0.020	0.143	0.021
	直流弧焊机 32kV·A		台班	0.878	0.132	0.878	0.132	0.921	0.138
	电焊条烘干箱 45×35×45（cm^3）		台班	0.088	0.013	0.088	0.013	0.092	0.014

十、砂水分离器

工作内容：开箱点件、基础画线、场内运输、一次灌浆，安装就位、打平找正、加油、无负荷试运转。

计量单位：台

编　号				6-2-109
项　目				螺旋式砂水分离器
名　称			单位	消　耗　量
人工	合计工日		工日	6.759
	其中	普工	工日	1.690
		一般技工	工日	4.731
		高级技工	工日	0.338
材料	热轧薄钢板 δ1.6~1.9		kg	0.011
	镀锌铁丝 φ2.8~4.0		kg	0.242
	水泥 P·O 42.5		kg	83.375
	砂子（粗砂）		m^3	0.146
	碎石（综合）		m^3	0.159
	低碳钢焊条 J422 φ4.0		kg	0.400
	平垫铁 Q195~Q235 1#		块	4.080
	斜垫铁 Q195~Q235 1#		块	8.160
	氧气		m^3	0.266
	乙炔气		kg	0.102
	厚漆		kg	3.060
	钙基润滑脂		kg	0.400
	机油		kg	0.707
	汽油（综合）		kg	1.298
	煤油		kg	1.124
	其他材料费		%	1.50
机械	叉式起重机 5t		台班	0.255
	直流弧焊机 20kV·A		台班	0.170
	电焊条烘干箱 45×35×45（cm^3）		台班	0.017

十一、曝 气 机

1. 立式表面曝气机

工作内容： 开箱点件、基础画线、场内运输、设备吊装就位、一次灌浆、精平、组装、附件组装、清洗、检查、加油、无负荷试运转。

计量单位： 台

编号			6-2-110	6-2-111	6-2-112
项目			立式表面曝气机（叶轮直径 m 以内）		
			1	1.5	2
	名称	单位	消耗量		
人工	合计工日	工日	18.370	20.601	22.226
人工	其中 普工	工日	3.673	4.120	4.444
人工	其中 一般技工	工日	13.778	15.451	16.670
人工	其中 高级技工	工日	0.919	1.030	1.112
材料	镀锌铁丝 ϕ2.5~1.4	kg	1.478	1.478	1.478
材料	紫铜板 δ0.05~0.3	kg	0.104	0.104	0.104
材料	木材（成材）	m^3	0.011	0.011	0.011
材料	枕木 2 500×250×200	根	0.011	0.011	0.011
材料	水泥 P·O 42.5	kg	17.550	17.550	17.550
材料	砂子（中砂）	m^3	0.026	0.026	0.026
材料	碎石 10	m^3	0.045	0.045	0.045
材料	低碳钢焊条 J422（综合）	kg	0.537	0.537	0.537
材料	平垫铁 Q195~Q235 1#	块	4.080	4.080	4.080
材料	斜垫铁 Q195~Q235 1#	块	8.160	8.160	8.160
材料	钙基润滑脂	kg	0.995	0.995	0.995
材料	机油 5#~7#	kg	2.209	2.209	2.209
材料	煤油	kg	1.094	1.094	1.094
材料	汽油（综合）	kg	0.597	0.597	0.597
材料	其他材料费	%	2.00	2.00	2.00
机械	汽车式起重机 8t	台班	0.272	0.299	0.329
机械	载重汽车 8t	台班	0.062	0.068	0.075
机械	直流弧焊机 32kV·A	台班	0.096	0.096	0.096
机械	电焊条烘干箱 45×35×45（cm^3）	台班	0.010	0.010	0.010

2. 倒伞形叶轮曝气机

工作内容：开箱点件、基础画线、场内运输、设备吊装就位、一次灌浆、精平、组装、附件组装、清洗、检查、加油、无负荷试运转。

计量单位：台

编　号				6-2-113	6-2-114	6-2-115	6-2-116	6-2-117
项　目				倒伞形叶轮曝气机（直径 m）				
				1 以内	1.65 以内	2.55 以内	3.25 以内	3.25 以外
名　称			单位	消　耗　量				
人工	合计工日		工日	18.370	20.205	21.199	24.177	27.808
	其中	普工	工日	3.673	4.040	4.239	4.835	5.561
		一般技工	工日	13.778	15.154	15.900	18.133	20.856
		高级技工	工日	0.919	1.011	1.060	1.209	1.391
材料	镀锌铁丝 ϕ2.5~1.4		kg	1.478	1.478	1.478	1.515	1.515
	紫铜板 δ0.05~0.3		kg	0.104	0.104	0.104	0.159	0.159
	木材（成材）		m^3	0.011	0.011	0.011	0.011	0.011
	枕木 2 500×250×200		根	0.011	0.011	0.011	0.021	0.021
	水泥 P·O 42.5		kg	17.550	17.550	17.550	26.000	26.000
	砂子（中砂）		m^3	0.026	0.026	0.026	0.041	0.041
	碎石 10		m^3	0.045	0.045	0.045	0.061	0.061
	低碳钢焊条 J422（综合）		kg	0.537	0.537	0.537	0.550	0.550
	平垫铁 Q195~Q235 1#		块	4.080	4.080	4.080	4.080	4.080
	斜垫铁 Q195~Q235 1#		块	8.160	8.160	8.160	8.160	8.160
	钙基润滑脂		kg	0.995	0.995	0.995	1.020	1.020
	机油 5#~7#		kg	2.209	2.209	2.209	2.575	2.575
	煤油		kg	1.094	1.094	1.094	1.224	1.224
	汽油（综合）		kg	0.597	0.597	0.597	0.816	0.816
	其他材料费		%	2.00	2.00	2.00	2.00	2.00
机械	汽车式起重机 8t		台班	0.272	0.299	0.299	0.417	0.480
	载重汽车 8t		台班	0.062	0.068	0.068	0.128	0.147
	直流弧焊机 32kV·A		台班	0.096	0.096	0.096	0.109	0.109
	电焊条烘干箱 45×35×45（cm^3）		台班	0.010	0.010	0.010	0.011	0.011

3. 转刷曝气机

工作内容：开箱点件、基础画线、场内运输、设备吊装就位、一次灌浆、精平、组装、附件组装、清洗、检查、加油、无负荷试运转。

计量单位：台

编号				6-2-118	6-2-119	6-2-120
项目				转刷曝气机（长度 m 以内）		
				4.5	6	9
				转刷直径（m）		
				1		
名称			单位	消耗量		
人工	合计工日		工日	15.074	17.352	20.119
	其中	普工	工日	3.014	3.470	4.024
		一般技工	工日	11.306	13.014	15.089
		高级技工	工日	0.754	0.868	1.006
材料	镀锌铁丝 ϕ2.5~1.4		kg	1.515	1.515	2.020
	紫铜板 δ0.05~0.3		kg	0.106	0.212	0.318
	木材（成材）		m^3	0.011	0.011	0.011
	枕木 2 500×250×200		根	0.011	0.021	0.032
	水泥 P·O 42.5		kg	22.000	30.000	36.000
	砂子（中砂）		m^3	0.031	0.051	0.066
	碎石 10		m^3	0.046	0.077	0.092
	低碳钢焊条 J422（综合）		kg	0.550	0.550	0.660
	平垫铁 Q195~Q235 1#		块	4.080	4.080	4.080
	斜垫铁 Q195~Q235 1#		块	8.160	8.160	8.160
	钙基润滑脂		kg	1.020	1.020	1.020
	机油 5#~7#		kg	3.502	4.120	4.120
	煤油		kg	1.734	2.040	2.040
	汽油（综合）		kg	1.020	1.020	1.020
	其他材料费		%	2.00	2.00	2.00
机械	汽车式起重机 8t		台班	0.366	0.417	0.476
	载重汽车 8t		台班	0.075	0.102	0.109
	直流弧焊机 32kV·A		台班	0.109	0.109	0.131
	电焊条烘干箱 45×35×45（cm^3）		台班	0.011	0.011	0.013

4. 转碟曝气机

工作内容： 开箱点件、基础画线、场内运输、设备吊装就位、一次灌浆、精平、组装、附件组装、清洗、检查、加油、无负荷试运转。

计量单位：台

编　　号			6-2-121	6-2-122	6-2-123	6-2-124
项　　目			转碟曝气机（长度 m）			
			4.5 以内	6 以内	9 以内	9 以外
			转盘直径（m）			
			1.4、1.5			
名　　称		单位	消　耗　量			
人工	合计工日	工日	17.336	19.955	23.136	26.603
人工	其中 普工	工日	3.467	3.990	4.627	5.321
人工	其中 一般技工	工日	13.002	14.967	17.352	19.952
人工	其中 高级技工	工日	0.867	0.998	1.157	1.330
材料	镀锌铁丝 ϕ2.5~1.4	kg	1.515	1.515	2.020	2.020
材料	紫铜板 δ0.05~0.3	kg	0.106	0.212	0.318	0.318
材料	木材（成材）	m^3	0.011	0.011	0.011	0.011
材料	枕木 2 500×250×200	根	0.011	0.021	0.032	0.032
材料	水泥 P·O 42.5	kg	22.000	30.000	36.000	36.000
材料	砂子（中砂）	m^3	0.031	0.051	0.066	0.066
材料	碎石 10	m^3	0.046	0.077	0.092	0.092
材料	低碳钢焊条 J422（综合）	kg	0.550	0.550	0.660	0.660
材料	平垫铁 Q195~Q235 1#	块	4.080	4.080	4.080	4.080
材料	斜垫铁 Q195~Q235 1#	块	8.160	8.160	8.160	8.160
材料	钙基润滑脂	kg	1.020	1.020	1.020	1.020
材料	机油 5#~7#	kg	3.502	4.120	4.120	4.120
材料	煤油	kg	1.734	2.040	2.040	2.040
材料	汽油（综合）	kg	1.020	1.020	1.020	1.020
材料	其他材料费	%	2.00	2.00	2.00	2.00
机械	汽车式起重机 8t	台班	0.037	0.459	0.524	0.576
机械	载重汽车 8t	台班	0.007	0.113	0.120	0.132
机械	直流弧焊机 32kV·A	台班	0.109	0.109	0.131	0.131
机械	电焊条烘干箱 45×35×45（cm^3）	台班	0.011	0.011	0.013	0.013

5. 潜水离心式、射流式曝气机

工作内容: 开箱点件、基础画线、场内运输、设备吊装就位、一次灌浆、精平、组装、附件组装、清洗、检查、加油、无负荷试运转。

计量单位: 台

编号				6-2-125	6-2-126	6-2-127	6-2-128
项目				进气量（m^3/h）			
				100 以内	200 以内	300 以内	300 以外
名称			单位	消耗量			
人工	合计工日		工日	5.800	6.375	7.012	8.064
	其中	普工	工日	1.160	1.275	1.402	1.612
		一般技工	工日	4.350	4.781	5.259	6.048
		高级技工	工日	0.290	0.319	0.351	0.404
材料	热轧薄钢板 δ1.6~1.9		kg	0.180	0.180	0.180	0.180
	板枋材		m^3	0.005	0.005	0.005	0.005
	水泥 P·O 42.5		kg	39.194	39.194	39.194	39.194
	砂子（粗砂）		m^3	0.070	0.070	0.070	0.070
	碎石（综合）		m^3	0.075	0.075	0.075	0.075
	厚漆		kg	0.154	0.154	0.154	0.154
	低碳钢焊条 J422 ϕ4.0		kg	0.208	0.208	0.208	0.208
	平垫铁 Q195~Q235 1#		块	4.080	4.080	4.080	4.080
	斜垫铁 Q195~Q235 1#		块	8.160	8.160	8.160	8.160
	氧气		m^3	0.202	0.202	0.202	0.202
	乙炔气		kg	0.078	0.078	0.078	0.078
	钙基润滑脂		kg	0.309	0.309	0.309	0.309
	机油		kg	1.093	1.093	1.093	1.093
	煤油		kg	0.857	0.857	0.857	0.857
	汽油（综合）		kg	0.208	0.208	0.208	0.208
	其他材料费		%	2.00	2.00	2.00	2.00
机械	叉式起重机 5t		台班	0.090	0.090	0.090	0.104
	直流弧焊机 20kV·A		台班	0.085	0.085	0.085	0.085
	电焊条烘干箱 45×35×45（cm^3）		台班	0.009	0.009	0.009	0.009

十二、曝 气 器

工作内容：外观检查、场内运输、设备吊装就位、安装、固定、找平、找正调试。 **计量单位：**10 个

				6-2-129	6-2-130	6-2-131	6-2-132	6-2-133	6-2-134
编号				6-2-129	6-2-130	6-2-131	6-2-132	6-2-133	6-2-134
项目				管式微孔曝气器（直径100mm以内）	盘式（球形、钟罩、平板）曝气器	旋流混合扩散曝气器	陶瓷、钛板曝气器	滤帽	长（短）柄滤头
名称			单位	消耗量					
人工	合计工日		工日	0.760	0.605	0.589	0.659	0.203	0.210
	其中	普工	工日	0.152	0.121	0.118	0.131	0.041	0.041
		一般技工	工日	0.570	0.454	0.442	0.495	0.152	0.158
		高级技工	工日	0.038	0.030	0.029	0.033	0.010	0.011
材料	滤帽		个	(10.100)	(10.100)	(10.100)	(10.100)	(10.100)	(10.100)
	其他材料费		%	2.00	2.00	2.00	2.00	2.00	2.00

十三、布 气 管

工作内容：切管、坡口、调直、对口、挖眼接管、管道制作安装、管件制作安装、盲板制作安装。

计量单位：10m

编号				6-2-135	6-2-136	6-2-137	6-2-138
项目				碳钢管（公称直径 mm 以内）			
				*DN*50	*DN*100	*DN*150	*DN*200
名称			单位	消耗量			
人工	合计工日		工日	1.192	1.324	1.613	2.054
	其中	普工	工日	0.239	0.265	0.322	0.411
		一般技工	工日	0.894	0.994	1.210	1.540
		高级技工	工日	0.059	0.066	0.081	0.103
材料	焊接钢管（综合）		m	（8.996）	（8.996）	（8.845）	（8.845）
	压制弯头		个	（0.260）	（0.260）	（0.560）	（0.560）
	热轧薄钢板 δ3.5~4.0		kg	0.081	0.090	0.126	0.405
	镀锌铁丝 ϕ3.5		kg	1.125	1.324	1.589	1.906
	板枋材		m^3	0.009	0.009	0.009	0.009
	枕木 2 000×200×200		根	0.023	0.027	0.036	0.043
	六角螺栓带螺母、垫圈 M16×45		套	18.000	18.000	18.000	18.000
	砂轮片 ϕ100		片	0.090	0.144	—	—
	砂轮片 ϕ400		片	0.036	0.216	0.378	0.621
	水		m^3	0.009	0.135	0.225	0.405
	石棉橡胶板 δ3		kg	0.268	0.315	0.360	0.432
	铅油（厚漆）		kg	0.459	0.540	0.720	0.864
	合金钢焊条		kg	0.689	0.810	0.918	1.102
	氧气		m^3	0.459	0.540	0.630	0.756
	乙炔气		kg	0.177	0.208	0.242	0.291
	机油 $5^{\#}$~$7^{\#}$		kg	0.180	0.180	0.180	0.180
	其他材料费		%	2.00	2.00	2.00	2.00
机械	直流弧焊机 32kV·A		台班	0.139	0.164	0.185	0.222
	电动弯管机 108mm		台班	0.027	0.045	0.081	0.135
	管子切断机 150mm		台班	0.009	0.009	0.027	0.027
	电焊条烘干箱 45×35×45（cm^3）		台班	0.014	0.016	0.019	0.023

工作内容：切管、坡口、调直、对口、挖眼接管、管道制作安装、管件制作安装、盲板制作安装、场内运输。

计量单位：10m

编号				6-2-139	6-2-140	6-2-141	6-2-142
项目				塑料管（公称直径 mm 以内）			
				*DN*50	*DN*100	*DN*150	*DN*200
名称			单位	消耗量			
人工	合计工日		工日	0.863	0.955	1.164	1.474
	其中	普工	工日	0.173	0.190	0.233	0.295
		一般技工	工日	0.647	0.716	0.872	1.106
		高级技工	工日	0.043	0.048	0.059	0.074
材料	硬塑料管		m	（10.000）	（10.000）	（10.000）	（10.000）
	硬塑料管接头		个	（11.010）	（7.370）	（6.660）	（6.510）
	镀锌铁丝 $\phi3.5$		kg	0.894	1.118	1.397	1.677
	板枋材		m^3	0.010	0.009	0.009	0.010
	枕木 2 000×200×200		根	0.008	0.010	0.009	0.011
	石棉橡胶板 $\delta3$		kg	0.266	0.333	0.380	0.456
	六角螺栓带螺母、垫圈 M16×45		套	19.000	19.000	19.000	19.000
	铅油（厚漆）		kg	0.456	0.570	0.760	0.912
	砂布		张	0.331	0.524	0.661	0.839
	聚氯乙烯焊条 $\phi3.2$		kg	0.608	0.760	0.950	1.140
	机油 $5^{\#}$~$7^{\#}$		kg	0.190	0.190	0.190	0.190
	粘合剂		kg	0.010	0.030	0.046	0.107
	丙酮		kg	0.014	0.045	0.067	—
	其他材料费		%	2.00	2.00	2.00	2.00
机械	木工圆锯机 500mm		台班	—	0.003	0.004	0.004

工作内容：切管、坡口、调直、对口、挖眼接管、管道制作安装、管件制作安装、盲板制作安装、场内运输。

计量单位：10m

编号				6-2-143	6-2-144	6-2-145	6-2-146
项目				不锈钢管（公称直径 mm 以内）			
				*DN*50	*DN*100	*DN*150	*DN*200
名称			单位	消耗量			
人工	合计工日		工日	1.246	1.556	1.915	2.297
	其中	普工	工日	0.249	0.311	0.383	0.459
		一般技工	工日	0.934	1.167	1.436	1.723
		高级技工	工日	0.062	0.077	0.096	0.115
材料	不锈钢管		m	（9.156）	（8.958）	（8.817）	（8.817）
	不锈钢弯头		个	（0.223）	（0.260）	（0.560）	（0.560）
	不锈钢板 δ4~8		kg	0.081	0.090	0.126	0.405
	镀锌铁丝 ϕ3.5		kg	1.236	1.324	1.589	1.906
	板枋材		m^3	0.009	0.009	0.009	0.009
	枕木 2 000×200×200		根	0.022	0.027	0.036	0.043
	不锈钢六角螺栓 M16×45		套	18.353	18.353	18.353	18.353
	石棉橡胶板 δ3		kg	0.252	0.315	0.360	0.432
	砂轮片 ϕ100		片	0.090	0.144	—	—
	砂轮片 ϕ400		片	0.036	0.216	0.378	0.621
	铅油（厚漆）		kg	0.432	0.540	0.720	0.864
	不锈钢焊条（综合）		kg	0.648	0.810	0.918	1.102
	机油 5#~7#		kg	0.180	0.180	0.180	0.180
	水		m^3	0.054	0.135	0.225	0.405
	其他材料费		%	2.00	2.00	2.00	2.00
机械	等离子切割机 400A		台班	0.165	0.205	0.255	0.306
	直流弧焊机 20kV·A		台班	0.131	0.164	0.185	0.222
	电动弯管机 108mm		台班	0.027	0.045	0.081	0.135
	管子切断机 150mm		台班	0.009	0.009	0.027	0.027
	电焊条烘干箱 45×35×45（cm^3）		台班	0.014	0.016	0.019	0.023

十四、滗　水　器

1.旋转式滗水器

工作内容: 开箱点件、基础画线、场内运输、设备吊装就位、一次灌浆、精平、组装、附件组装、清洗、检查、加油、无负荷试运转。

计量单位: 台

编　号				6-2-147	6-2-148	6-2-149	6-2-150
项　目				堰长(m 以内)			
				2	5	8	12
名　称			单位	消　耗　量			
人工	合计工日		工日	13.243	14.567	15.229	17.523
	其中	普工	工日	2.648	2.913	3.046	3.504
		一般技工	工日	9.932	10.925	11.422	13.143
		高级技工	工日	0.663	0.729	0.761	0.876
材料	热轧薄钢板 δ1.0~3.0		kg	0.848	0.848	1.696	1.696
	钢板 δ3~10		kg	15.571	15.571	31.143	31.143
	镀锌铁丝 ϕ2.8~4.0		kg	3.030	3.030	3.030	3.030
	木材(成材)		m^3	0.030	0.030	0.035	0.035
	枕木 2 000×200×200		根	0.053	0.053	0.053	0.053
	水泥 P·O 42.5		kg	23.460	23.460	32.640	32.640
	砂子(中砂)		m^3	0.053	0.053	0.080	0.080
	碎石 10		m^3	0.077	0.077	0.107	0.107
	低碳钢焊条 J422(综合)		kg	2.651	2.651	3.421	3.421
	平垫铁 Q195~Q235 1#		块	4.080	8.160	8.160	8.160
	斜垫铁 Q195~Q235 1#		块	8.160	16.320	16.320	16.320
	氧气		m^3	0.847	0.847	1.694	1.694
	乙炔气		kg	0.326	0.326	0.652	0.652
	钙基润滑脂		kg	2.856	2.856	4.692	4.692
	机油 5#~7#		kg	0.515	0.515	0.927	0.927
	煤油		kg	1.734	1.734	3.264	3.264
	其他材料费		%	2.00	2.00	2.00	2.00
机械	汽车式起重机 8t		台班	0.290	0.290	0.435	0.435
	载重汽车 8t		台班	0.069	0.069	0.103	0.103
	直流弧焊机 32kV·A		台班	0.524	0.524	0.676	0.676
	电焊条烘干箱 45×35×45(cm^3)		台班	0.052	0.052	0.068	0.068

工作内容： 开箱点件、基础画线、场内运输、设备吊装就位、一次灌浆、精平、组装、附件组装、清洗、检查、加油、无负荷试运转。

计量单位：台

编号				6-2-151	6-2-152	6-2-153
项目				堰长（m）		
				16 以内	20 以内	20 以外
名称			单位	消耗量		
人工	合计工日		工日	20.249	23.281	25.503
	其中	普工	工日	4.049	4.656	5.101
		一般技工	工日	15.187	17.461	19.127
		高级技工	工日	1.013	1.164	1.275
材料	热轧薄钢板 δ1.0~3.0		kg	1.696	1.696	1.696
	钢板 δ3~10		kg	31.143	31.143	31.143
	镀锌铁丝 ϕ2.8~4.0		kg	3.030	3.030	3.030
	木材（成材）		m^3	0.035	0.035	0.035
	枕木 2 000×200×200		根	0.053	0.053	0.053
	水泥 P·O 42.5		kg	32.640	32.640	32.640
	砂子（中砂）		m^3	0.080	0.080	0.080
	碎石 10		m^3	0.107	0.107	0.107
	低碳钢焊条 J422（综合）		kg	3.421	3.421	3.421
	平垫铁 Q195~Q235 1#		块	8.160	8.160	8.160
	斜垫铁 Q195~Q235 1#		块	16.320	16.320	16.320
	氧气		m^3	1.694	1.694	1.694
	乙炔气		kg	0.652	0.652	0.652
	钙基润滑脂		kg	4.692	4.692	4.692
	机油 5#~7#		kg	0.927	0.927	0.927
	煤油		kg	3.264	3.264	3.264
	其他材料费		%	2.00	2.00	2.00
机械	汽车式起重机 8t		台班	0.435	0.435	0.435
	载重汽车 8t		台班	0.103	0.103	0.103
	直流弧焊机 32kV·A		台班	0.676	0.676	0.676
	电焊条烘干箱 45×35×45（cm^3）		台班	0.068	0.068	0.068

2. 浮筒式滗水器

工作内容： 开箱点件、基础画线、场内运输、设备吊装就位、精平、组装、附件组装、清洗、检查、加油、无负荷试运转。

计量单位：台

编　号				6-2-154	6-2-155	6-2-156	6-2-157
项　目				堰长（m 以内）			
				2	5	8	12
名　称			单位	消　耗　量			
人工	合计工日		工日	14.174	15.284	15.985	18.395
	其中	普工	工日	2.835	3.057	3.197	3.679
		一般技工	工日	10.631	11.463	11.989	13.796
		高级技工	工日	0.708	0.764	0.799	0.920
材料	热轧薄钢板 δ1.0~3.0		kg	0.848	0.848	1.696	1.696
	钢板 δ3~10		kg	15.571	15.571	31.143	31.143
	镀锌铁丝 ϕ2.8~4.0		kg	3.030	3.030	3.030	3.030
	木材（成材）		m^3	0.030	0.030	0.035	0.035
	枕木 2 000×200×200		根	0.053	0.053	0.053	0.053
	低碳钢焊条 J422（综合）		kg	2.651	2.651	3.421	3.421
	氧气		m^3	0.847	0.847	1.694	1.694
	乙炔气		kg	0.326	0.326	0.652	0.652
	钙基润滑脂		kg	2.856	2.856	4.692	4.692
	机油 $5^{\#}$~$7^{\#}$		kg	0.515	0.515	0.927	0.927
	煤油		kg	1.734	1.734	3.264	3.264
	其他材料费		%	2.00	2.00	2.00	2.00
机械	汽车式起重机 8t		台班	0.290	0.290	0.435	0.435
	载重汽车 8t		台班	0.069	0.069	0.103	0.103
	直流弧焊机 32kV·A		台班	0.524	0.524	0.676	0.676
	电焊条烘干箱 45×35×45（cm^3）		台班	0.052	0.052	0.068	0.068

工作内容：开箱点件、基础画线、场内运输、设备吊装就位、精平、组装、附件组装、清洗、检查、加油、无负荷试运转。

计量单位：台

编号				6-2-158	6-2-159	6-2-160
项目				堰长（m）		
				16 以内	20 以内	20 以外
名称			单位	消耗量		
人工	合计工日		工日	21.258	24.446	29.107
	其中	普工	工日	4.252	4.889	5.821
		一般技工	工日	15.943	18.334	21.830
		高级技工	工日	1.063	1.223	1.456
材料	热轧薄钢板 δ1.0~3.0		kg	1.696	1.696	1.696
	钢板 δ3~10		kg	31.143	31.143	31.143
	镀锌铁丝 ϕ2.8~4.0		kg	3.030	3.030	3.030
	木材（成材）		m^3	0.035	0.035	0.035
	枕木 2 000 × 200 × 200		根	0.053	0.053	0.053
	低碳钢焊条 J422（综合）		kg	3.421	3.421	3.421
	氧气		m^3	1.694	1.694	1.694
	乙炔气		kg	0.652	0.652	0.652
	钙基润滑脂		kg	4.692	4.692	4.692
	机油 $5^{\#}$~$7^{\#}$		kg	0.927	0.927	0.927
	煤油		kg	3.264	3.264	3.264
	其他材料费		%	2.00	2.00	2.00
机械	汽车式起重机 8t		台班	0.435	0.435	0.435
	载重汽车 8t		台班	0.103	0.103	0.103
	直流弧焊机 32kV·A		台班	0.676	0.676	0.676
	电焊条烘干箱 45 × 35 × 45（cm^3）		台班	0.068	0.068	0.068

3. 虹吸式滗水器

工作内容： 开箱点件、基础画线、场内运输、设备吊装就位、精平、组装、附件组装、清洗、检查、加油、无负荷试运转。

计量单位： 台

编　号				6-2-161	6-2-162	6-2-163	6-2-164
项　目				堰长（m 以内）			
				2	5	8	12
名　称			单位	消　耗　量			
人工	合计工日		工日	7.262	7.988	8.791	11.072
	其中	普工	工日	1.452	1.598	1.758	2.214
		一般技工	工日	5.447	5.991	6.593	8.304
		高级技工	工日	0.363	0.399	0.440	0.554
材料	热轧薄钢板 δ1.6~1.9		kg	0.424	0.424	0.424	0.424
	镀锌铁丝 ϕ2.8~4.0		kg	0.808	0.808	0.808	0.808
	木板		m^3	0.009	0.009	0.009	0.012
	低碳钢焊条 J422 ϕ4.0		kg	0.208	0.208	0.208	0.266
	氧气		m^3	0.224	0.224	0.224	0.224
	乙炔气		kg	0.086	0.086	0.086	0.086
	钙基润滑脂		kg	0.567	0.567	0.567	0.721
	汽油（综合）		kg	0.312	0.312	0.312	0.416
	煤油		kg	0.964	0.964	0.964	1.285
	机油		kg	0.885	0.885	0.885	1.124
	其他材料费		%	2.00	2.00	2.00	2.00
机械	叉式起重机 5t		台班	0.170	0.170	0.170	0.255
	直流弧焊机 20kV·A		台班	0.085	0.085	0.085	0.170
	电焊条烘干箱 45×35×45（cm^3）		台班	0.009	0.009	0.009	0.017

工作内容： 开箱点件、基础画线、场内运输、设备吊装就位、精平、组装、附件组装、清洗、检查、加油、无负荷试运转。

计量单位：台

编号				6-2-165	6-2-166	6-2-167
项目				堰长（m）		
				16 以内	20 以内	20 以外
名称			单位	消耗量		
人工	合计工日		工日	12.175	15.353	19.402
	其中	普工	工日	2.435	3.071	3.880
		一般技工	工日	9.131	11.515	14.552
		高级技工	工日	0.609	0.767	0.970
材料	热轧薄钢板 $\delta 1.6\sim1.9$		kg	0.424	0.477	0.530
	镀锌铁丝 $\phi 2.8\sim4.0$		kg	0.808	1.212	1.212
	木板		m^3	0.012	0.020	0.026
	低碳钢焊条 J422 $\phi 4.0$		kg	0.266	0.393	0.485
	氧气		m^3	0.224	0.449	0.561
	乙炔气		kg	0.086	0.173	0.216
	钙基润滑脂		kg	0.721	0.927	0.927
	汽油（综合）		kg	0.416	0.520	0.624
	煤油		kg	1.285	1.928	2.678
	机油		kg	1.124	1.405	1.560
	其他材料费		%	2.00	2.00	2.00
机械	汽车式起重机 8t		台班	—	—	0.425
	叉式起重机 5t		台班	0.255	0.340	0.255
	直流弧焊机 20kV·A		台班	0.170	0.255	0.340
	电焊条烘干箱 $45\times35\times45(cm^3)$		台班	0.017	0.026	0.034

十五、生 物 转 盘

工作内容：开箱点件、基础画线、场内运输、设备吊装就位、一次灌浆、精平、组装、附件组装、清洗、检查、加油、无负荷试运转。

计量单位：台

		编　　号		6-2-168	6-2-169	6-2-170	6-2-171	6-2-172	6-2-173
项　　目				设备重量（t）					
				3 以内	4.5 以内	6 以内	7.5 以内	8 以内	8 以上
名　　称			单位	消　耗　量					
人工	合计工日		工日	25.381	31.099	39.598	45.860	53.003	60.853
	其中	普工	工日	5.076	6.220	7.920	9.172	10.601	12.171
		一般技工	工日	19.036	23.324	29.698	34.395	39.752	45.640
		高级技工	工日	1.269	1.555	1.980	2.293	2.650	3.042
材料	钢板 δ3~10		kg	1.200	2.000	3.400	4.800	7.100	7.800
	镀锌铁丝 ϕ3.5		kg	1.961	1.961	1.961	2.942	2.942	3.432
	板枋材		m^3	0.010	0.010	0.020	0.020	0.030	0.030
	枕木 2 000×200×200		根	0.020	0.040	0.060	0.080	0.110	0.130
	水泥 P·O 42.5		kg	9.000	19.000	26.000	34.000	41.000	48.000
	砂子（中粗砂）		m^3	0.010	0.020	0.030	0.040	0.050	0.059
	碎石 10		m^3	0.010	0.020	0.030	0.040	0.050	0.060
	合金钢焊条		kg	0.400	0.600	0.800	0.800	1.100	1.300
	平垫铁 Q195~Q235 1#		块	4.080	4.080	4.080	4.080	4.080	4.080
	斜垫铁 Q195~Q235 1#		块	8.160	8.160	8.160	8.160	8.160	8.160
	氧气		m^3	0.340	0.400	0.400	0.400	0.600	0.600
	乙炔气		kg	0.131	0.154	0.154	0.154	0.231	0.231
	钙基润滑脂		kg	0.971	1.166	1.500	1.943	1.943	2.429
	机油 5#~7#		kg	3.000	3.500	3.999	4.000	4.800	6.400
	煤油		kg	0.990	1.188	1.500	1.485	1.584	2.080
	其他材料费		%	2.00	2.00	2.00	2.00	2.00	2.00
机械	汽车式起重机 8t		台班	0.593	0.778	0.920	—	—	—
	汽车式起重机 12t		台班	—	—	—	1.088	1.168	1.274
	载重汽车 8t		台班	0.129	0.150	0.215	0.233	0.251	—
	载重汽车 15t		台班	—	—	—	—	—	0.269
	直流弧焊机 32kV·A		台班	0.081	0.121	0.161	0.161	0.222	0.262
	电焊条烘干箱 45×35×45（cm^3）		台班	0.008	0.012	0.016	0.016	0.022	0.026

十六、搅 拌 机

1. 立式混合搅拌机平叶浆、折板浆、螺旋浆

工作内容： 开箱点件、基础画线、场内运输、设备吊装就位、一次灌浆、精平、组装、附件组装、清洗、检查、加油、无负荷试运转。

计量单位： 台

编 号				6-2-174	6-2-175	6-2-176
项 目				桨叶外径（m 以内）		
				1	2	3
名 称			单位	消 耗 量		
人工	合计工日		工日	7.614	8.375	9.215
	其中	普工	工日	1.523	1.675	1.843
		一般技工	工日	5.710	6.281	6.911
		高级技工	工日	0.381	0.419	0.461
材料	钢板 δ3~10		kg	2.968	2.968	2.968
	木材（成材）		m^3	0.011	0.011	0.011
	枕木 2 000×200×200		根	0.021	0.021	0.021
	水泥 P·O 42.5		kg	8.000	8.000	8.000
	砂子（中砂）		m^3	0.013	0.013	0.013
	碎石 10		m^3	0.020	0.020	0.020
	低碳钢焊条 J422（综合）		kg	0.440	0.440	0.440
	镀锌铁丝 ϕ2.5~1.4		kg	1.515	1.515	1.515
	平垫铁 Q195~Q235 1#		块	4.080	4.080	4.080
	斜垫铁 Q195~Q235 1#		块	8.160	8.160	8.160
	钙基润滑脂		kg	1.020	1.020	1.020
	氧气		m^3	0.330	0.330	0.330
	乙炔气		kg	0.127	0.127	0.127
	机油 5#~7#		kg	0.515	0.515	0.515
	煤油		kg	1.530	1.530	1.530
	其他材料费		%	1.50	1.50	1.50
机械	汽车式起重机 8t		台班	0.417	0.459	0.482
	载重汽车 8t		台班	0.068	0.075	0.078
	直流弧焊机 32kV·A		台班	0.088	0.088	0.088
	电焊条烘干箱 45×35×45（cm^3）		台班	0.009	0.009	0.009

2. 立式反应搅拌机

工作内容： 开箱点件、基础画线、场内运输、设备吊装就位、一次灌浆、精平、组装、附件组装、清洗、检查、加油、无负荷试运转。

计量单位： 台

编号				6-2-177	6-2-178	6-2-179	6-2-180
项目				桨板外径（m 以内）			
				1.7	2.8	3.5	4
名称			单位	消耗量			
人工	合计工日		工日	12.625	13.285	13.891	14.520
	其中	普工	工日	2.524	2.657	2.778	2.903
		一般技工	工日	9.469	9.964	10.418	10.891
		高级技工	工日	0.632	0.664	0.695	0.726
材料	钢板 δ3~10		kg	5.936	5.936	6.530	6.826
	镀锌铁丝 ϕ2.5~1.4		kg	2.020	2.020	2.222	2.323
	木材（成材）		m^3	0.011	0.011	0.012	0.012
	枕木 2 000×200×200		根	0.042	0.042	0.046	0.048
	水泥 P·O 42.5		kg	17.000	17.000	18.700	19.550
	砂子（中砂）		m^3	0.027	0.027	0.030	0.030
	碎石 10		m^3	0.031	0.031	0.034	0.035
	低碳钢焊条 J422（综合）		kg	2.090	2.090	2.299	2.404
	平垫铁 Q195~Q235 1#		块	4.080	4.080	4.488	4.692
	斜垫铁 Q195~Q235 1#		块	8.160	8.160	8.160	8.160
	氧气		m^3	0.660	0.660	0.726	0.759
	乙炔气		kg	0.254	0.254	0.279	0.292
	钙基润滑脂		kg	1.020	1.020	1.122	1.173
	机油 5#~7#		kg	1.030	1.030	1.133	1.185
	煤油		kg	3.060	3.060	3.366	3.519
	其他材料费		%	1.50	1.50	1.50	1.50
机械	汽车式起重机 8t		台班	0.470	0.494	0.517	0.541
	载重汽车 8t		台班	0.110	0.115	0.121	0.126
	直流弧焊机 32kV·A		台班	0.290	0.290	0.319	0.333
	电焊条烘干箱 45×35×45（cm^3）		台班	0.029	0.029	0.032	0.033

3. 卧式反应搅拌机

工作内容: 开箱点件、基础画线、场内运输、设备吊装就位、一次灌浆、精平、组装、附件组装、清洗、检查、加油、无负荷试运转。

计量单位: 台

编号				6-2-181	6-2-182
项目				轴长（m 以内）	
				20	
				基本格数	
				3	每增减 1 格
名称			单位	消耗量	
人工	合计工日		工日	20.036	4.009
	其中	普工	工日	4.006	0.802
		一般技工	工日	15.028	3.007
		高级技工	工日	1.002	0.200
材料	热轧薄钢板 δ1.0~3.0		kg	2.544	0.509
	钢板 δ3~10		kg	46.714	9.339
	木材（成材）		m^3	0.013	—
	水泥 P·O 42.5		kg	27.000	5.400
	砂子（中砂）		m^3	0.080	0.020
	碎石 10		m^3	0.092	0.020
	平垫铁 Q195~Q235 1#		块	4.080	4.080
	斜垫铁 Q195~Q235 1#		块	8.160	8.160
	低碳钢焊条 J422（综合）		kg	2.310	0.462
	氧气		m^3	2.541	0.506
	乙炔气		kg	0.977	0.195
	钙基润滑脂		kg	5.508	1.102
	机油 5#~7#		kg	1.236	0.247
	煤油		kg	4.590	0.918
	其他材料费		%	1.50	1.50
机械	汽车式起重机 8t		台班	0.870	0.174
	载重汽车 8t		台班	0.206	0.042
	直流弧焊机 32kV·A		台班	0.912	0.182
	电焊条烘干箱 45×35×45（cm^3）		台班	0.091	0.018

4. 药物搅拌机

工作内容： 开箱点件、基础画线、场内运输、设备吊装就位、精平、组装、附件组装、清洗、检查、加油、无负荷试运转。

计量单位： 台

编号				6-2-183
项目				桨叶外径（mm 以内）
				160
名称			单位	消耗量
人工	合计工日		工日	1.826
	其中	普工	工日	0.364
		一般技工	工日	1.370
		高级技工	工日	0.092
材料	热轧薄钢板 δ1.0~3.0		kg	0.470
	枕木		m^3	0.001
	石棉橡胶板 δ0.8~6.0		kg	0.089
	木板 δ25		m^3	0.001
	白漆		kg	0.057
	低碳钢焊条 J422 ϕ4.0		kg	0.162
	机油		kg	0.145
	煤油		kg	0.714
	汽油（综合）		kg	0.375
	其他材料费		%	1.50
机械	交流弧焊机 21kV·A		台班	0.170
	电焊条烘干箱 45×35×45（cm^3）		台班	0.017

十七、推进器(搅拌器)

1. 潜水推进器

工作内容: 开箱点件、基础画线、场内运输、设备吊装就位、精平、组装、附件组装、清洗、检查、加油、无负荷试运转。

计量单位: 套

编号				6-2-184	6-2-185
项目				潜水推进器(直径 m以内)	
				1.8	2.5
名称			单位	消耗量	
人工	合计工日		工日	6.899	7.147
	其中	普工	工日	1.380	1.429
		一般技工	工日	5.174	5.361
		高级技工	工日	0.345	0.357
材料	中厚钢板(综合)		t	0.002	0.002
	镀锌铁丝(综合)		kg	2.778	2.778
	纯铜箔 δ0.04		kg	0.053	0.053
	木材(成材)		m^3	0.017	0.017
	枕木 2 000×250×200		根	0.066	0.066
	低碳钢焊条 J422(综合)		kg	0.484	0.484
	钙基润滑脂		kg	1.224	1.224
	机油		kg	0.824	0.824
	煤油		kg	2.040	2.040
	其他材料费		%	1.50	1.50
机械	电动单筒慢速卷扬机 50kN		台班	0.975	0.975
	直流弧焊机 20kV·A		台班	0.088	0.088
	电焊条烘干箱 45×35×45(cm^3)		台班	0.009	0.009

2. 潜水搅拌器

工作内容： 开箱点件、基础画线、场内运输、设备吊装就位、精平、组装、附件组装、清洗、检查、加油、无负荷试运转。

计量单位： 套

编号				6-2-186
项目				潜水搅拌器
名称			单位	消耗量
人工	合计工日		工日	6.215
	其中	普工	工日	1.243
		一般技工	工日	4.661
		高级技工	工日	0.311
材料	中厚钢板（综合）		t	0.002
	镀锌铁丝（综合）		kg	2.778
	木材（成材）		m^3	0.017
	枕木 2 000×250×200		根	0.066
	纯铜箔 δ0.04		kg	0.053
	低合金钢焊条 E43 系列		kg	0.484
	钙基润滑脂		kg	1.224
	机油		kg	0.824
	煤油		kg	2.040
	其他材料费		%	1.50
机械	电动单筒慢速卷扬机 50kN		台班	0.975
	直流弧焊机 32kV·A		台班	0.088
	电焊条烘干箱 45×35×45（cm^3）		台班	0.009

十八、加 药 设 备

1. 一体化溶药及投加设备

工作内容：开箱点件、基础画线、场内运输、设备吊装就位、一次灌浆、精平、组装、附件组装、清洗、检查、加油、无负荷试运转。

计量单位：台

编 号				6-2-187
项 目				一体化溶药及投加设备
名 称			单位	消 耗 量
人工	合计工日		工日	15.191
	其中	普工	工日	3.038
		一般技工	工日	11.393
		高级技工	工日	0.760
材料	热轧薄钢板 $\delta 1.6\sim1.9$		kg	0.477
	镀锌铁丝 $\phi 2.8\sim4.0$		kg	1.177
	木板 $\delta 25$		m^3	0.020
	水泥 P·O 42.5		kg	126.295
	砂子（粗砂）		m^3	0.225
	碎石（综合）		m^3	0.247
	石棉橡胶板 高压 $\delta 1\sim6$		kg	0.541
	厚漆		kg	4.182
	低碳钢焊条 J422 $\phi 4.0$		kg	0.393
	平垫铁 Q195~Q235 1#		块	6.120
	斜垫铁 Q195~Q235 1#		块	12.240
	氧气		m^3	0.449
	乙炔气		kg	0.173
	钙基润滑脂		kg	0.510
	机油		kg	0.936
	煤油		kg	1.391
	汽油（综合）		kg	1.928
	其他材料费		%	2.00
机械	叉式起重机 5t		台班	0.255
	直流弧焊机 20kV·A		台班	0.425
	电焊条烘干箱 45×35×45（cm^3）		台班	0.043

2. 隔膜计量泵

工作内容: 开箱点件、基础画线、场内运输、设备吊装就位、精平、组装、附件组装、清洗、检查、加油、无负荷运转。

计量单位: 台

编　号				6-2-188
项　目				隔膜计量泵
名　称			单位	消　耗　量
人工	合计工日		工日	2.268
	其中	普工	工日	0.454
		一般技工	工日	1.701
		高级技工	工日	0.113
材料	热轧薄钢板 δ1.6~1.9		kg	0.133
	木板 δ25		m^3	0.002
	石棉橡胶板 中压 δ0.8~6.0		kg	0.106
	厚漆		kg	0.051
	低碳钢焊条 J422 ϕ4.0		kg	0.058
	氧气		m^3	0.561
	乙炔气		kg	0.216
	钙基润滑脂		kg	0.026
	机油		kg	0.053
	煤油		kg	0.268
	汽油（综合）		kg	0.131
	其他材料费		%	2.00
机械	直流弧焊机 20kV·A		台班	0.085
	电焊条烘干箱 45×35×45（cm^3）		台班	0.009

3. 螺杆计量泵

工作内容: 开箱点件、基础画线、场内运输、设备吊装就位、一次灌浆、精平、组装、附件组装、清洗、检查、加油、无负荷运转。

计量单位: 台

编　号				6-2-189
项　目				螺杆计量泵
名　称			单位	消　耗　量
人工	合计工日		工日	2.495
	其中	普工	工日	0.498
		一般技工	工日	1.872
		高级技工	工日	0.125
材料	热轧薄钢板 δ1.6~1.9		kg	0.133
	木板 δ25		m^3	0.002
	水泥 P·O 42.5		kg	13.050
	砂子（粗砂）		m^3	0.022
	碎石（综合）		m^3	0.024
	厚漆		kg	0.051
	石棉橡胶板 高压 δ1~6		kg	0.106
	低碳钢焊条 J422 ϕ4.0		kg	0.058
	平垫铁 Q195~Q235 1#		块	4.080
	斜垫铁 Q195~Q235 1#		块	8.160
	氧气		m^3	0.561
	乙炔气		kg	0.216
	钙基润滑脂		kg	0.026
	机油		kg	0.053
	煤油		kg	0.268
	汽油（综合）		kg	0.131
	其他材料费		%	2.00
机械	直流弧焊机 20kV·A		台班	0.085
	电焊条烘干箱 45×35×45（cm^3）		台班	0.009

4. 粉料储存投加设备料仓

工作内容： 构件加固、吊装校正、拧紧螺栓、电焊固定、翻身就位。　　**计量单位：** 台

编　号			6-2-190	6-2-191	6-2-192	6-2-193	6-2-194	6-2-195
项　目			料仓直径（m）、高（m）					
			2、3	2.8、5	3.8、7	4.5、9	5.5、10	6.5、12
			重量（t 以内）					
			2	5	8	11	15	20
名　称		单位	消　耗　量					
人工	合计工日	工日	10.112	14.545	17.181	22.324	28.664	32.963
	其中 普工	工日	2.023	2.909	3.436	4.465	5.733	6.592
	一般技工	工日	7.584	10.909	12.886	16.743	21.498	24.723
	高级技工	工日	0.505	0.727	0.859	1.116	1.433	1.648
材料	钢板 δ4.5~7	kg	0.950	1.900	2.850	3.800	4.750	5.463
	镀锌钢丝网 ϕ2.5×67×67~ϕ3×50×50	m^2	2.049	3.074	4.099	4.612	5.124	5.892
	木板	m^3	0.001	0.001	0.003	0.003	0.004	0.004
	铁砂布 0#~2#	张	2.850	2.850	2.850	2.850	2.850	3.278
	道木	m^3	0.040	0.057	0.062	0.075	0.077	0.088
	塑料布	kg	1.596	2.651	2.651	4.190	4.190	4.818
	六角螺栓带螺母 M20×80 以下	10 套	0.570	0.950	1.140	1.330	1.520	1.748
	石棉橡胶板 低中压 δ0.8~6.0	kg	0.703	1.245	2.005	2.983	4.057	4.665
	白漆	kg	0.076	0.095	0.095	0.095	0.095	0.109
	水泥 P·O 42.5	kg	16.150	21.850	24.700	27.550	35.150	40.423
	砂子	m^3	0.024	0.048	0.059	0.070	0.083	0.095
	碎石（综合）	m^3	0.024	0.060	0.071	0.084	0.095	0.109
	钩头成对斜垫铁 Q195~Q235 1#	kg	1.002	1.503	1.503	2.004	2.004	2.304
	碳钢平垫铁	kg	1.949	2.925	2.925	3.411	3.411	3.923
	低碳钢焊条 J422 ϕ4.0	kg	0.570	1.112	1.349	1.701	2.100	2.414
	氧气	m^3	1.124	1.424	1.677	1.929	2.365	2.719
	乙炔气	kg	0.432	0.548	0.645	0.742	0.910	1.046
	煤油	kg	1.976	2.540	2.822	3.293	3.763	4.328
	草袋	个	0.480	0.480	0.480	0.480	1.219	1.400
	水	m^3	0.485	0.646	0.751	0.817	0.950	1.093
	其他材料费	%	2.00	2.00	2.00	2.00	2.00	2.00
机械	汽车式起重机 8t	台班	0.168	—	—	—	0.420	0.483
	汽车式起重机 12t	台班	—	0.168	—	—	—	—
	汽车式起重机 16t	台班	—	—	0.420	0.420	—	—
	汽车式起重机 25t	台班	—	—	—	—	0.420	0.483
	自卸汽车 8t	台班	—	—	0.426	0.426	—	—
	电动空气压缩机 6m^3/min	台班	0.537	0.851	1.064	1.175	1.277	1.469
	交流弧焊机 21kV·A	台班	0.150	0.224	0.299	0.299	0.299	0.343
	电焊条烘干箱 45×35×45（cm^3）	台班	0.015	0.022	0.030	0.023	0.023	0.034

5. 粉料储存投加设备粉料投加机

工作内容: 开箱点件、基础画线、场内运输、安装就位、找平找正、加油、无负荷试运转。

计量单位:台

编号				6-2-196
项目				粉料投加机
名称			单位	消耗量
人工	合计工日		工日	6.610
	其中	普工	工日	1.321
		一般技工	工日	4.958
		高级技工	工日	0.331
材料	镀锌铁丝 ϕ4.0		kg	1.174
	水泥 P·O 42.5		kg	53.856
	砂子(粗砂)		m^3	0.097
	碎石(综合)		m^3	0.104
	厚漆		kg	0.246
	木板 δ25		m^3	0.007
	低碳钢焊条 J422(综合)		kg	0.498
	平垫铁 Q195~Q235 1#		块	4.080
	斜垫铁 Q195~Q235 1#		块	8.160
	氧气		m^3	0.179
	乙炔气		kg	0.069
	钙基润滑脂		kg	0.454
	机油		kg	0.708
	煤油		kg	0.771
	汽油(综合)		kg	0.250
	其他材料费		%	2.00
机械	叉式起重机 5t		台班	0.136
	直流弧焊机 20kV·A		台班	0.272
	电焊条烘干箱 45×35×45(cm^3)		台班	0.027

6. 粉料储存投加设备计量输送机

工作内容：开箱点件、基础画线、场内运输、一次灌浆、安装就位、找平找正、加油、无负荷试运转。

计量单位：台

编　号				6-2-197
项　目				粉料计量输送机
名　称			单位	消　耗　量
人工	合计工日		工日	6.664
	其中	普工	工日	1.333
		一般技工	工日	4.998
		高级技工	工日	0.333
材料	热轧薄钢板 δ1.6~1.9		kg	0.300
	水泥 P·O 42.5		kg	50.750
	砂子（粗砂）		m^3	0.088
	碎石（综合）		m^3	0.096
	木板 δ25		m^3	0.006
	低碳钢焊条 J422 ϕ4.0		kg	0.126
	平垫铁 Q195~Q235 1#		块	4.080
	斜垫铁 Q195~Q235 1#		块	8.160
	镀锌铁丝（综合）		kg	0.085
	氧气		m^3	0.204
	乙炔气		kg	0.078
	钙基润滑脂		kg	0.196
	机油		kg	0.606
	煤油		kg	0.780
	汽油（综合）		kg	0.499
	其他材料费		%	2.00
机械	交流弧焊机 21kV·A		台班	0.085
	电焊条烘干箱 45×35×45（cm^3）		台班	0.009
仪表	数字电压表		台班	0.578
	手持式万用表		台班	0.578
	高压兆欧表		台班	0.043

7. 二氧化氯发生器

工作内容：开箱点件、基础画线、场内运输、固定、安装。 **计量单位：**台

编号				6-2-198
项目				二氧化氯发生器
名称			单位	消耗量
人工	合计工日		工日	6.852
	其中	普工	工日	1.370
		一般技工	工日	5.139
		高级技工	工日	0.343
材料	六角螺栓带螺母、垫圈 M8~10		kg	4.000
	其他材料费		%	1.00

十九、加　氯　机

1. 柜式加氯机

工作内容：开箱点件、基础画线、场内运输、固定、安装。 **计量单位：**套

编号				6-2-199
项目				柜式加氯机
名称			单位	消耗量
人工	合计工日		工日	4.079
	其中	普工	工日	0.815
		一般技工	工日	3.060
		高级技工	工日	0.204
材料	六角螺栓带螺母、垫圈 M8~10		套	4.000
	其他材料费		%	1.50

2. 挂式加氯机

工作内容：开箱点件、基础画线、场内运输、固定、安装。　　　　**计量单位：**套

编　号				6-2-200
项　目				挂式加氯机
名　称			单位	消　耗　量
人工	合计工日		工日	2.891
	其中	普工	工日	0.578
		一般技工	工日	2.168
		高级技工	工日	0.145
材料	六角螺栓带螺母、垫圈 M8~10		套	4.000
	其他材料费		%	1.50

二十、氯吸收装置

工作内容：开箱点件、基础画线、场内运输、固定、安装。 **计量单位：**套

编号				6-2-201	6-2-202	6-2-203
项目				吸收能力（kg/h 以内）		
				1 000	3 000	5 000
名称			单位	消耗量		
人工	合计工日		工日	11.991	13.592	17.218
	其中	普工	工日	2.398	2.718	3.443
		一般技工	工日	8.993	10.194	12.914
		高级技工	工日	0.600	0.680	0.861
材料	热轧薄钢板 $\delta3.5\sim4.0$		kg	19.200	19.200	26.400
	镀锌铁丝 $\phi2.8\sim4.0$		kg	9.414	9.414	11.767
	耐酸橡胶板 $\delta3$		kg	4.800	7.200	12.000
	酚醛调和漆		kg	0.300	0.600	0.600
	低碳钢焊条 J422 $\phi3.2$		kg	1.200	1.200	1.200
	氧气		m^3	2.400	2.400	2.400
	乙炔气		kg	0.923	0.923	0.923
	其他材料费		%	1.50	1.50	1.50
机械	汽车式起重机 8t		台班	0.425	—	—
	汽车式起重机 16t		台班	—	0.425	0.425
	载重汽车 8t		台班	0.430	—	—
	载重汽车 10t		台班	—	0.430	0.430
	电动单筒慢速卷扬机 30kN		台班	2.123	2.123	2.123
	交流弧焊机 32kV·A		台班	0.472	0.472	0.472
	电焊条烘干箱 $45\times35\times45(cm^3)$		台班	0.047	0.047	0.047

二十一、水　射　器

工作内容：开箱点件、场内运输、制垫、安装、找平、加垫、紧固螺栓。　　**计量单位：**个

编　号				6-2-204	6-2-205	6-2-206	6-2-207	6-2-208	6-2-209
项　目				公称直径（mm 以内）					
				*DN*25	*DN*32	*DN*40	*DN*50	*DN*65	*DN*80
名　称			单位	消　耗　量					
人工	合计工日		工日	0.399	0.458	0.524	0.602	0.699	0.815
	其中	普工	工日	0.079	0.092	0.105	0.120	0.140	0.163
		一般技工	工日	0.300	0.343	0.393	0.452	0.524	0.612
		高级技工	工日	0.020	0.023	0.026	0.030	0.035	0.040
材料	石棉橡胶板 $\delta3$		kg	0.030	0.050	0.070	0.080	0.110	0.130
	其他材料费		%	2.00	2.00	2.00	2.00	2.00	2.00

二十二、管式混合器

工作内容：外观检查、点件、安装、找平、制垫、加垫、紧固螺栓、水压试验。　　**计量单位：**个

编　号				6-2-210	6-2-211	6-2-212
项　目				公称直径（mm 以内）		
				*DN*100	*DN*200	*DN*300
名　称			单位	消　耗　量		
人工	合计工日		工日	0.806	1.679	2.777
	其中	普工	工日	0.161	0.336	0.555
		一般技工	工日	0.605	1.259	2.083
		高级技工	工日	0.040	0.084	0.139
材料	石棉橡胶板 $\delta3$		kg	0.233	0.466	0.700
	其他材料费		%	2.00	2.00	2.00
机械	汽车式起重机 8t		台班	0.073	0.135	0.200
	载重汽车 8t		台班	0.012	0.024	0.040

工作内容：外观检查、点件、安装、找平、制垫、加垫、紧固螺栓、水压试验。　　　　**计量单位：**个

编　　号				6-2-213	6-2-214	6-2-215	6-2-216	6-2-217	6-2-218
项　　目				公称直径（mm 以内）					
				*DN*400	*DN*600	*DN*900	*DN*1 200	*DN*1 600	*DN*2 000
名　　称			单位	消　耗　量					
人工	合计工日		工日	4.334	6.463	11.418	15.368	19.697	25.271
	其中	普工	工日	0.866	1.293	2.283	3.073	3.939	5.055
		一般技工	工日	3.251	4.847	8.564	11.527	14.773	18.953
		高级技工	工日	0.217	0.323	0.571	0.768	0.985	1.263
材料	石棉橡胶板 δ3		kg	0.880	1.380	2.500	3.020	4.600	5.200
	其他材料费		%	2.00	2.00	2.00	2.00	2.00	2.00
机械	汽车式起重机 8t		台班	0.239	0.345	0.345	0.425	0.115	0.159
	汽车式起重机 12t		台班	—	—	—	—	0.557	0.911
	载重汽车 8t		台班	0.043	0.058	0.058	0.058	0.093	0.129

二十三、带式压滤机

工作内容：开箱点件、基础画线、场内运输、设备吊装、一次灌浆、精平、组装、附件组装、清洗、检查、加油、无负荷试运转。

计量单位：台

编号				6-2-219	6-2-220	6-2-221	6-2-222	6-2-223
项目				带式压滤机（带宽 m内）				
				0.5	1	1.5	2	3
名称			单位	消耗量				
人工	合计工日		工日	17.514	21.418	24.385	25.977	27.268
	其中	普工	工日	3.503	4.283	4.877	5.195	5.454
		一般技工	工日	12.260	14.993	17.069	18.184	19.087
		高级技工	工日	1.751	2.142	2.439	2.598	2.727
材料	钢板（综合）		kg	9.116	13.144	17.808	23.744	23.744
	镀锌铁丝 ϕ3.5		kg	3.030	3.535	4.040	4.545	4.545
	枕木 2 000×250×200		根	0.420	0.420	0.630	0.840	1.050
	低碳钢焊条 J422（综合）		kg	0.880	0.990	1.100	1.210	1.210
	斜垫铁 Q195~Q235 1#		块	12.240	12.240	12.240	12.240	16.320
	平垫铁 Q195~Q235 1#		块	6.120	6.120	6.120	6.120	8.160
	氧气		m^3	0.880	0.990	1.100	1.320	1.320
	乙炔气		kg	0.338	0.381	0.423	0.508	0.508
	砂布		张	6.300	8.400	10.500	12.600	16.800
	钙基润滑脂		kg	1.020	1.020	1.020	2.040	2.040
	机油 5#~7#		kg	4.120	4.120	4.120	6.180	6.180
	煤油		kg	10.200	10.200	10.200	12.240	12.240
	其他材料费		%	2.00	2.00	2.00	2.00	2.00
机械	电动单筒慢速卷扬机 30kN		台班	0.310	0.900	1.260	1.560	1.716
	直流弧焊机 32kV·A		台班	0.210	0.230	0.260	0.290	0.290
	电焊条烘干箱 45×35×45（cm^3）		台班	0.021	0.023	0.026	0.029	0.029

二十四、污泥脱水机

1. 螺杆式污泥脱水机

工作内容: 开箱点件、基础画线、场内运输、设备吊装、安装就位、找平找正、一次灌浆、加油、无负荷试运转。

计量单位: 台

编号				6-2-224	6-2-225	6-2-226
项目				杆直径(mm 以内)		
				200	300	350
名称			单位	消耗量		
人工	合计工日		工日	3.696	8.992	12.457
	其中	普工	工日	0.739	1.798	2.491
		一般技工	工日	2.587	6.295	8.720
		高级技工	工日	0.370	0.899	1.246
材料	热轧薄钢板 δ1.6~1.9		kg	0.318	0.424	0.477
	镀锌铁丝 φ1.2~0.7		kg	0.721	0.808	1.212
	木板 δ25		m^3	0.006	0.012	0.020
	水泥 P·O 42.5		kg	51.765	83.375	126.295
	砂子(粗砂)		m^3	0.090	0.149	0.225
	碎石(综合)		m^3	0.098	0.162	0.247
	厚漆		kg	0.361	0.410	0.513
	低碳钢焊条 J422 φ4.0		kg	0.139	0.266	0.393
	平垫铁 Q195~Q235 1#		块	4.080	4.080	4.080
	斜垫铁 Q195~Q235 1#		块	8.160	8.160	8.160
	氧气		m^3	0.224	0.224	0.449
	乙炔气		kg	0.086	0.086	0.173
	钙基润滑脂		kg	0.206	0.721	0.927
	机油		kg	0.624	1.124	1.405
	煤油		kg	0.804	1.285	1.928
	汽油(综合)		kg	0.208	0.416	0.520
	其他材料费		%	2.00	2.00	2.00
机械	叉式起重机 5t		台班	0.085	0.255	0.340
	直流弧焊机 20kV·A		台班	0.085	0.170	0.255
	电焊条烘干箱 45×35×45(cm^3)		台班	0.009	0.017	0.026

2. 螺压式污泥脱水机

工作内容：开箱点件、基础画线、场内运输、设备吊装、安装就位、找平找正、一次灌浆、加油、无负荷试运转。

计量单位：台

编号				6-2-227	6-2-228	6-2-229	6-2-230	6-2-231
项目				转鼓直径（mm 以内）				
				250	350	500	650	1 000
名称			单位	消耗量				
人工	合计工日		工日	6.429	11.210	15.729	21.680	29.641
	其中	普工	工日	1.286	2.242	3.146	4.336	5.928
		一般技工	工日	4.500	7.847	11.010	15.176	20.749
		高级技工	工日	0.643	1.121	1.573	2.168	2.964
材料	热轧薄钢板 δ1.6～1.9		kg	0.424	0.477	0.530	0.636	0.742
	镀锌铁丝 ϕ1.2～0.7		kg	0.808	1.212	1.212	2.151	4.040
	木板 δ25		m^3	0.009	0.020	0.026	0.042	0.059
	厚漆		kg	0.308	0.513	0.564	0.718	0.841
	水泥 P·O 42.5		kg	66.120	126.295	161.385	216.819	289.565
	砂子（粗砂）		m^3	0.118	0.225	0.290	0.400	0.518
	碎石（综合）		m^3	0.130	0.247	0.317	0.427	0.565
	低碳钢焊条 J422 ϕ4.0		kg	0.208	0.393	0.485	0.682	0.682
	平垫铁 Q195～Q235 1#		块	4.080	4.080	4.080	4.080	4.080
	斜垫铁 Q195～Q235 1#		块	8.160	8.160	8.160	8.160	8.160
	氧气		m^3	0.224	0.347	0.561	0.740	0.740
	乙炔气		kg	0.086	0.133	0.216	0.285	0.285
	钙基润滑脂		kg	0.567	0.927	0.927	1.329	1.566
	机油		kg	0.885	1.405	1.560	1.873	2.237
	煤油		kg	0.973	1.928	2.678	3.641	4.177
	汽油（综合）		kg	0.312	0.520	0.624	0.708	0.770
	其他材料费		%	2.00	2.00	2.00	2.00	2.00
机械	汽车式起重机 8t		台班	—	—	0.425	0.425	—
	汽车式起重机 16t		台班	—	—	—	—	0.425
	载重汽车 8t		台班	—	—	—	0.425	0.425
	叉式起重机 5t		台班	0.170	0.340	0.255	0.425	1.275
	电动单筒慢速卷扬机 50kN		台班	—	—	—	0.850	1.275
	直流弧焊机 20kV·A		台班	0.085	0.255	0.340	0.425	0.425
	电焊条烘干箱 45×35×45（cm^3）		台班	0.009	0.026	0.034	0.043	0.043

3. 离心式污泥脱水机

工作内容： 开箱点件、基础画线、场内运输、设备吊装、安装就位、找平找正、一次灌浆、加油、无负荷试运转。

计量单位：台

编号				6-2-232	6-2-233	6-2-234
项目				鼓径（mm 以内）		
				550	1 000	1 600
名称			单位	消耗量		
人工	合计工日		工日	6.106	9.993	13.743
	其中	普工	工日	1.221	1.999	2.749
		一般技工	工日	4.274	6.995	9.620
		高级技工	工日	0.611	0.999	1.374
材料	热轧薄钢板 δ1.6～1.9		kg	0.424	0.424	0.477
	镀锌铁丝 φ1.2～0.7		kg	0.808	0.808	1.212
	木板 δ25		m^3	0.009	0.009	0.020
	厚漆		kg	0.308	0.308	0.513
	水泥 P·O 42.5		kg	66.120	66.120	126.295
	砂子（粗砂）		m^3	0.118	0.118	0.225
	碎石（综合）		m^3	0.130	0.130	0.247
	低碳钢焊条 J422 φ4.0		kg	0.208	0.208	0.393
	平垫铁 Q195～Q235 1#		块	4.080	4.080	4.080
	斜垫铁 Q195～Q235 1#		块	8.160	8.160	8.160
	氧气		m^3	0.132	0.224	0.449
	乙炔气		kg	0.051	0.086	0.173
	钙基润滑脂		kg	0.408	0.567	0.927
	机油		kg	0.885	0.885	1.405
	煤油		kg	0.525	0.964	1.928
	汽油（综合）		kg	0.312	0.312	0.520
	其他材料费		%	2.00	2.00	2.00
机械	叉式起重机 5t		台班	0.170	0.255	0.340
	直流弧焊机 20kV·A		台班	0.085	0.085	0.255
	电焊条烘干箱 45×35×45（cm^3）		台班	0.009	0.009	0.026

4. 板框式污泥脱水机

工作内容：开箱点件、基础画线、场内运输、设备吊装、安装就位、找平找正、一次灌浆、加油、无负荷试运转。

计量单位：台

编号			6-2-235	6-2-236	6-2-237	6-2-238
项目			滤板（mm）			
			650×650	810×810	870×870	920×920
名称		单位	消耗量			
人工	合计工日	工日	9.493	13.150	16.614	19.109
其中	普工	工日	1.899	2.630	3.323	3.822
	一般技工	工日	6.645	9.205	11.630	13.376
	高级技工	工日	0.949	1.315	1.661	1.911
材料	热轧薄钢板 δ1.6～1.9	kg	0.424	0.477	0.530	0.530
	镀锌铁丝 ϕ1.2～0.7	kg	0.808	1.212	1.212	1.212
	水泥 P·O 42.5	kg	83.375	126.295	161.385	161.385
	砂子（粗砂）	m^3	0.149	0.225	0.290	0.290
	碎石（综合）	m^3	0.162	0.247	0.317	0.317
	木板 δ25	m^3	0.012	0.020	0.026	0.026
	厚漆	kg	0.410	0.513	0.564	0.564
	低碳钢焊条 J422 ϕ4.0	kg	0.266	0.393	0.485	0.485
	平垫铁 Q195～Q235 1#	块	4.080	4.080	4.080	4.080
	斜垫铁 Q195～Q235 1#	块	8.160	8.160	8.160	8.160
	氧气	m^3	0.224	0.449	0.561	0.561
	乙炔气	kg	0.086	0.173	0.216	0.216
	钙基润滑脂	kg	0.721	0.927	0.927	0.927
	机油	kg	1.124	1.405	1.560	1.560
	煤油	kg	1.285	1.928	2.678	2.678
	汽油（综合）	kg	0.416	0.520	0.624	0.624
	其他材料费	%	2.00	2.00	2.00	2.00
机械	汽车式起重机 8t	台班	—	—	0.213	0.213
	载重汽车 8t	台班	—	—	0.425	0.489
	叉式起重机 5t	台班	0.255	0.340	0.255	0.293
	直流弧焊机 20kV·A	台班	0.170	0.255	0.340	0.391
	电焊条烘干箱 45×35×45（cm^3）	台班	0.017	0.026	0.034	0.039

5. 箱式污泥脱水机

工作内容: 开箱点件、基础画线、场内运输、设备吊装、安装就位、找平找正、一次灌浆、加油、无负荷试运转。

计量单位：台

编号				6-2-239	6-2-240	6-2-241	6-2-242	6-2-243	6-2-244
项目				外框（mm）					
				400×400	500×500	800×800	1 000×1 000	1 500×1 500	2 000×2 000
名称			单位	消耗量					
人工	合计工日		工日	3.896	6.106	12.488	21.857	28.949	34.060
	其中	普工	工日	0.779	1.221	2.498	4.371	5.790	6.812
		一般技工	工日	2.727	4.274	8.741	15.300	20.264	23.842
		高级技工	工日	0.390	0.611	1.249	2.186	2.895	3.406
材料	热轧薄钢板 δ1.6～1.9		kg	0.318	0.424	0.424	0.530	0.636	0.742
	镀锌铁丝 ϕ1.2～0.7		kg	0.752	0.808	0.808	1.212	3.434	4.040
	木板 δ25		m^3	0.006	0.009	0.012	0.026	0.053	0.059
	枕木		m^3	0.007	0.007	0.007	0.008	0.011	0.011
	厚漆		kg	0.285	0.308	0.410	0.564	0.718	0.841
	水泥 P·O 42.5		kg	50.750	66.120	83.375	161.385	246.130	289.565
	砂子（粗砂）		m^3	0.090	0.118	0.149	0.290	0.439	0.518
	碎石（综合）		m^3	0.098	0.130	0.162	0.317	0.479	0.565
	低碳钢焊条 J422 ϕ4.0		kg	0.139	0.208	0.266	0.485	0.583	0.682
	平垫铁 Q195～Q235 1#		块	4.080	4.080	4.080	6.120	6.120	8.160
	斜垫铁 Q195～Q235 1#		块	8.160	8.160	8.160	12.240	12.240	16.320
	氧气		m^3	0.224	0.224	0.224	0.561	0.627	0.740
	乙炔气		kg	0.086	0.086	0.086	0.216	0.241	0.285
	钙基润滑脂		kg	0.206	0.567	0.721	0.927	1.326	1.566
	机油		kg	0.624	0.885	1.124	1.560	1.906	2.237
	煤油		kg	0.804	0.964	1.285	2.678	3.550	4.177
	汽油（综合）		kg	0.208	0.312	0.416	0.624	0.653	0.770
	其他材料费		%	2.00	2.00	2.00	2.00	2.00	2.00
机械	汽车式起重机 8t		台班	—	—	—	0.425	—	—
	汽车式起重机 16t		台班	—	—	—	—	0.425	0.425
	载重汽车 8t		台班	—	—	—	—	0.425	0.425
	叉式起重机 5t		台班	0.085	0.170	0.255	0.255	0.383	0.425
	电动单筒慢速卷扬机 50kN		台班	—	—	—	—	1.148	1.275
	直流弧焊机 20kV·A		台班	0.085	0.085	0.170	0.340	0.383	0.425
	电焊条烘干箱 45×35×45（cm^3）		台班	0.009	0.009	0.017	0.034	0.038	0.043

二十五、污泥浓缩机

1. 转鼓式污泥浓缩机

工作内容：开箱点件、基础画线、场内运输、设备吊装、一次灌浆、精平、组装、附件组装、清洗、检查、加油、无负荷试运转。

计量单位：台

编号				6-2-245	6-2-246	6-2-247	6-2-248	6-2-249
项目				处理量（m^3/h 以内）				
				10	20	30	50	100
名称			单位	消耗量				
人工	合计工日		工日	4.094	6.414	7.374	9.962	13.810
	其中	普工	工日	0.819	1.283	1.475	1.992	2.762
		一般技工	工日	2.866	4.490	5.162	6.974	9.667
		高级技工	工日	0.409	0.641	0.737	0.996	1.381
材料	热轧薄钢板 δ1.6～1.9		kg	0.318	0.424	0.424	0.424	0.477
	木板 δ25		m^3	0.006	0.009	0.009	0.012	0.020
	水泥 P·O 42.5		kg	50.764	67.442	67.449	85.043	128.821
	砂子（粗砂）		m^3	0.090	0.118	0.118	0.149	0.225
	碎石（综合）		m^3	0.098	0.130	0.130	0.162	0.247
	低碳钢焊条 J422 ϕ4.0		kg	0.139	0.208	0.208	0.266	0.393
	平垫铁 Q195～Q235 1#		块	4.080	4.080	4.080	4.080	4.080
	斜垫铁 Q195～Q235 1#		块	8.160	8.160	8.160	8.160	8.160
	氧气		m^3	0.224	0.224	0.224	0.230	0.290
	乙炔气		kg	0.086	0.086	0.086	0.088	0.112
	钙基润滑脂		kg	0.206	0.567	0.567	0.721	0.927
	机油		kg	0.624	0.885	0.885	1.112	1.391
	煤油		kg	0.804	0.964	0.964	1.907	2.678
	汽油（综合）		kg	0.208	0.312	0.312	0.418	0.515
	其他材料费		%	2.00	2.00	2.00	2.00	2.00
机械	叉式起重机 5t		台班	0.085	0.170	0.196	0.255	0.340
	直流弧焊机 20kV·A		台班	0.085	0.085	0.085	0.170	0.255
	电焊条烘干箱 45×35×45（cm^3）		台班	0.009	0.009	0.009	0.002	0.026

2. 离心式污泥浓缩机

工作内容： 开箱点件、基础画线、场内运输、设备吊装、一次灌浆、精平、组装、附件组装、清洗、检查、加油、无负荷试运转。

计量单位：台

编号				6-2-250	6-2-251	6-2-252	6-2-253	6-2-254
项目				处理量（m^3/h 以内）				
				10	20	30	50	100
名称			单位	消耗量				
人工	合计工日		工日	7.051	10.969	13.810	17.451	25.363
	其中	普工	工日	1.410	2.194	2.762	3.490	5.073
		一般技工	工日	4.936	7.678	9.667	12.216	17.754
		高级技工	工日	0.705	1.097	1.381	1.745	2.536
材料	热轧薄钢板 δ1.6～1.9		kg	0.424	0.424	0.477	0.530	0.636
	镀锌铁丝 ϕ2.8～4.0		kg	0.808	0.808	1.212	1.212	2.151
	木板 δ25		m^3	0.009	0.012	0.020	0.026	0.042
	厚漆		kg	0.308	0.410	0.513	0.564	0.718
	水泥 P·O 42.5		kg	67.449	85.043	128.821	164.613	221.155
	砂子（粗砂）		m^3	0.118	0.149	0.225	0.290	0.400
	碎石（综合）		m^3	0.130	0.162	0.247	0.317	0.427
	低碳钢焊条 J422 ϕ4.0		kg	0.208	0.266	0.393	0.485	0.660
	平垫铁 Q195～Q235 1#		块	4.080	4.080	4.080	4.080	4.080
	斜垫铁 Q195～Q235 1#		块	8.160	8.160	8.160	8.160	8.160
	氧气		m^3	0.224	0.224	0.449	0.561	0.693
	乙炔气		kg	0.086	0.086	0.173	0.216	0.267
	钙基润滑脂		kg	0.408	0.721	0.927	0.927	1.329
	机油		kg	0.885	1.124	1.405	1.560	1.873
	煤油		kg	0.964	1.285	1.928	2.678	3.641
	汽油（综合）		kg	0.312	0.416	0.520	0.624	0.708
	其他材料费		%	2.00	2.00	2.00	2.00	2.00
机械	汽车式起重机 8t		台班	—	—	—	0.425	—
	汽车式起重机 12t		台班	—	—	—	—	0.404
	载重汽车 8t		台班	—	—	—	—	0.404
	叉式起重机 5t		台班	0.187	0.281	0.340	0.255	—
	电动单筒快速卷扬机 30kN		台班	—	—	—	—	0.808
	直流弧焊机 20kV·A		台班	0.094	0.187	0.255	0.340	0.404
	电焊条烘干箱 45×35×45（cm^3）		台班	0.009	0.019	0.026	0.034	0.040

3. 螺压式污泥浓缩机

工作内容： 开箱点件、基础画线、场内运输、设备吊装、一次灌浆、精平、组装、附件组装、清洗、检查、加油、无负荷试运转。

计量单位： 台

编　号				6-2-255	6-2-256	6-2-257	6-2-258	6-2-259
项　目				处理量（m^3/h 以内）				
				10	20	30	50	100
名　称			单位	消　耗　量				
人工	合计工日		工日	12.429	15.700	18.050	24.034	32.199
	其中	普工	工日	2.486	3.140	3.610	4.807	6.440
		一般技工	工日	8.700	10.990	12.635	16.824	22.539
		高级技工	工日	1.243	1.570	1.805	2.403	3.220
材料	热轧薄钢板 δ1.6～1.9		kg	0.477	0.530	0.530	0.636	0.742
	镀锌铁丝 ϕ2.8～4.0		kg	1.212	1.212	1.212	2.151	4.040
	木板 δ25		m^3	0.020	0.026	0.026	0.042	0.059
	厚漆		kg	0.513	0.564	0.564	0.718	0.841
	水泥 P·O 42.5		kg	51.765	67.442	67.442	85.048	130.847
	砂子（粗砂）		m^3	0.090	0.118	0.118	0.149	0.230
	碎石（综合）		m^3	0.098	0.130	0.130	0.162	0.252
	低碳钢焊条 J422 ϕ4.0		kg	0.393	0.485	0.485	0.682	0.682
	平垫铁 Q195～Q235 1#		块	4.080	4.080	4.080	4.080	4.080
	斜垫铁 Q195～Q235 1#		块	8.160	8.160	8.160	8.160	8.160
	氧气		m^3	0.449	0.561	0.561	0.740	0.740
	乙炔气		kg	0.173	0.216	0.216	0.285	0.285
	钙基润滑脂		kg	0.728	0.927	0.927	1.327	1.566
	机油		kg	1.405	1.560	1.560	1.873	2.237
	煤油		kg	1.930	2.678	2.678	3.641	4.177
	汽油（综合）		kg	0.520	0.624	0.624	0.708	0.770
	其他材料费		%	2.00	2.00	2.00	2.00	2.00
机械	汽车式起重机 8t		台班	—	0.425	0.468	—	—
	汽车式起重机 12t		台班	—	—	—	0.383	0.410
	载重汽车 8t		台班	—	—	—	0.383	0.383
	叉式起重机 5t		台班	0.340	0.255	0.281	—	—
	电动单筒慢速卷扬机 50kN		台班	—	—	—	0.765	1.148
	直流弧焊机 20kV·A		台班	0.255	0.340	0.374	0.383	0.383
	电焊条烘干箱 45×35×45（cm^3）		台班	0.026	0.034	0.037	0.038	0.038

二十六、污泥浓缩脱水一体机

1. 带式浓缩脱水一体机

工作内容：开箱点件、基础画线、场内运输、设备吊装、一次灌浆、精平、组装、附件组装、清洗、检查、加油、无负荷试运转。

计量单位：台

				6-2-260	6-2-261	6-2-262
编号				6-2-260	6-2-261	6-2-262
项目				带宽（m 以内）		
				1	2	3
名称			单位	消耗量		
人工	合计工日		工日	21.418	28.574	32.859
	其中	普工	工日	4.283	5.715	6.572
		一般技工	工日	14.993	20.002	23.001
		高级技工	工日	2.142	2.857	3.286
材料	钢板（综合）		kg	13.144	23.744	23.744
	镀锌铁丝 ϕ3.5		kg	3.535	4.545	4.545
	枕木 2 000×250×200		根	0.420	0.840	0.840
	低合金钢焊条 E43 系列		kg	0.990	1.210	1.210
	平垫铁 Q195～Q235 1#		块	6.120	6.120	6.120
	斜垫铁 Q195～Q235 1#		块	12.240	12.240	12.240
	氧气		m^3	0.990	1.320	1.320
	乙炔气		kg	0.381	0.508	0.508
	砂布		张	8.400	12.600	12.600
	机油 5#～7#		kg	4.120	6.180	6.180
	煤油		kg	10.200	12.240	12.240
	其他材料费		%	2.00	2.00	2.00
机械	电动单筒慢速卷扬机 30kN		台班	0.900	1.560	1.790
	直流弧焊机 32kV·A		台班	0.230	0.290	0.290
	电焊条烘干箱 45×35×45（cm^3）		台班	0.023	0.029	0.029

2. 转鼓式浓缩脱水一体机

工作内容： 开箱点件、基础画线、场内运输、设备吊装、安装就位、找平找正、一次灌浆、加油、无负荷试运转。

计量单位： 台

编　号				6-2-263	6-2-264	6-2-265
项　目				带宽（m 以内）		
				1	2	3
名　称			单位	消　耗　量		
人工	合计工日		工日	21.418	28.574	32.859
	其中	普工	工日	4.283	5.715	6.572
		一般技工	工日	14.993	20.002	23.001
		高级技工	工日	2.142	2.857	3.286
材料	钢板（综合）		kg	13.144	23.744	23.744
	镀锌铁丝 ϕ3.5		kg	3.535	4.545	4.545
	枕木 2 000 × 250 × 200		根	0.420	0.840	0.840
	低碳钢焊条 J422（综合）		kg	0.990	1.210	1.210
	平垫铁 Q195 ~ Q235 1#		块	4.080	4.080	4.080
	斜垫铁 Q195 ~ Q235 1#		块	8.160	8.160	8.160
	氧气		m^3	0.990	1.320	1.320
	乙炔气		kg	0.381	0.508	0.508
	砂布		张	8.400	12.600	12.600
	钙基润滑脂		kg	1.020	2.040	2.040
	机油 5# ~ 7#		kg	4.120	6.180	6.180
	煤油		kg	10.200	12.240	12.240
	其他材料费		%	2.00	2.00	2.00
机械	电动单筒慢速卷扬机 30kN		台班	0.900	1.560	1.790
	直流弧焊机 32kV · A		台班	0.230	0.290	0.290
	电焊条烘干箱 45 × 35 × 45（cm^3）		台班	0.023	0.029	0.029

二十七、污泥输送机

1. 螺旋输送机

工作内容：开箱点件、基础画线、场内运输、设备吊装、一次灌浆、精平、组装、附件组装、清洗、检查、加油、无负荷试运转。

计量单位：台

编号				6-2-266	6-2-267	6-2-268	6-2-269
项目				螺旋直径（mm 以内）			
				300		600	
				基本输送长度（m）			
				3 以内	每增加 2	3 以内	每增加 2
名称			单位	消耗量			
人工	合计工日		工日	4.524	0.676	6.030	0.906
	其中	普工	工日	0.905	0.135	1.206	0.181
		一般技工	工日	3.167	0.473	4.221	0.634
		高级技工	工日	0.452	0.068	0.603	0.091
材料	热轧薄钢板 $\delta 0.5 \sim 0.65$		kg	0.140	0.021	0.225	0.034
	镀锌铁丝 $\phi 2.8 \sim 4.0$		kg	0.981	0.147	1.471	0.221
	木板 $\delta 25$		m^3	0.003	0.001	0.011	0.002
	厚漆		kg	0.240	0.036	0.325	0.049
	水泥 P·O 42.5		kg	15.225	2.284	20.300	3.045
	砂子（粗砂）		m^3	0.027	0.004	0.034	0.005
	碎石（综合）		m^3	0.027	0.004	0.041	0.006
	低碳钢焊条 J422 $\phi 4.0$		kg	0.231	0.035	0.315	0.047
	平垫铁 Q195 ~ Q235 $1^{\#}$		块	4.080	4.080	4.080	4.080
	斜垫铁 Q195 ~ Q235 $1^{\#}$		块	8.160	8.160	8.160	8.160
	钙基润滑脂		kg	0.653	0.098	0.957	0.144
	机油		kg	0.435	0.065	0.606	0.091
	煤油		kg	1.446	0.217	1.846	0.277
	汽油（综合）		kg	0.329	0.050	0.505	0.076
	其他材料费		%	1.50	1.50	1.50	1.50
机械	叉式起重机 5t		台班	0.100	0.015	0.136	0.020
	直流弧焊机 32kV·A		台班	0.170	0.026	0.272	0.041
	电焊条烘干箱 $45 \times 35 \times 45$（cm^3）		台班	0.017	0.003	0.027	0.004

2. 带式(胶带、皮带)输送机

工作内容: 开箱点件、基础画线、场内运输、设备吊装、一次灌浆、精平、组装、附件组装、清洗、检查、加油、无负荷试运转。

计量单位:台

编号				6-2-270	6-2-271	6-2-272	6-2-273	6-2-274	6-2-275
项目				带宽(mm 以内)					
				500		800		1 200	
				基本长度(m)					
				3 以内	每增加 2	3 以内	每增加 2	3 以内	每增加 2
名称			单位	消耗量					
人工	合计工日		工日	6.467	0.970	8.219	1.233	9.754	1.464
	其中	普工	工日	1.293	0.194	1.644	0.246	1.951	0.292
		一般技工	工日	4.527	0.679	5.753	0.863	6.828	1.025
		高级技工	工日	0.647	0.097	0.822	0.124	0.975	0.147
材料	热轧薄钢板 δ0.5～0.65		kg	0.500	0.075	0.810	0.122	1.100	0.165
	枕木		m^3	0.003	—	0.003	—	0.003	—
	木板 δ25		m^3	0.004	0.001	0.004	0.001	0.005	0.001
	水泥 P·O 42.5		kg	17.400	2.610	17.400	2.610	17.400	2.610
	砂子(粗砂)		m^3	0.030	0.004	0.030	0.004	0.030	0.004
	碎石(综合)		m^3	0.032	0.005	0.032	0.005	0.032	0.005
	低碳钢焊条 J422 ϕ4.0		kg	0.792	0.119	1.422	0.213	1.848	0.277
	镀锌铁丝 ϕ2.8～4.0		kg	0.784	0.118	0.784	0.118	0.784	0.118
	平垫铁 Q195～Q235 1#		块	4.080	2.040	4.080	2.040	4.080	2.040
	斜垫铁 Q195～Q235 1#		块	8.160	4.080	8.160	4.080	8.160	4.080
	氧气		m^3	1.310	0.196	1.579	0.237	2.020	0.303
	乙炔气		kg	0.504	0.075	0.607	0.091	0.777	0.117
	钙基润滑脂		kg	1.031	0.154	1.835	0.275	3.101	0.465
	机油		kg	0.865	0.130	1.125	0.169	1.535	0.230
	煤油		kg	1.560	0.234	1.768	0.265	2.392	0.358
	汽油(综合)		kg	0.276	0.042	0.386	0.057	0.517	0.077
	其他材料费		%	1.50	1.50	1.50	1.50	1.50	1.50
机械	汽车式起重机 12t		台班	—	—	0.128	0.019	0.136	0.020
	载重汽车 8t		台班	—	—	0.085	0.013	0.010	0.002
	叉式起重机 5t		台班	0.150	0.023	0.128	0.019	0.136	0.020
	直流弧焊机 32kV·A		台班	0.286	0.043	0.425	0.064	0.425	0.064
	电焊条烘干箱 45×35×45(cm^3)		台班	0.029	0.043	0.043	0.006	0.043	0.006

二十八、污泥切割机

工作内容：开箱点件、基础画线、场内运输、设备吊装、一次灌浆、精平、组装、附件组装、清洗、检查、加油、无负荷试运转。

计量单位：台

编号				6-2-276
项目				污泥切割机
名称			单位	消耗量
人工	合计工日		工日	6.472
	其中	普工	工日	1.294
		一般技工	工日	4.530
		高级技工	工日	0.648
材料	热轧薄钢板 $\delta 1.6\sim1.9$		kg	0.382
	镀锌铁丝 $\phi 2.8\sim4.0$		kg	0.727
	木板		m^3	0.009
	铅油（厚漆）		kg	0.277
	水泥 P·O 42.5		kg	60.698
	砂子		m^3	0.106
	碎石（综合）		m^3	0.117
	低碳钢焊条 J422 $\phi 4.0$		kg	0.187
	平垫铁 Q195～Q235 1#		块	4.080
	斜垫铁 Q195～Q235 1#		块	8.160
	氧气		m^3	0.202
	乙炔气		kg	0.078
	钙基润滑脂		kg	0.510
	汽油（综合）		kg	0.281
	煤油		kg	0.868
	机油		kg	0.796
	其他材料费		%	1.50
机械	叉式起重机 5t		台班	0.153
	直流弧焊机 20kV·A		台班	0.077
	电焊条烘干箱 45×35×45（cm^3）		台班	0.008

二十九、闸 门

1. 铸铁圆闸门

工作内容：开箱点件、基础画线、场内运输、闸门安装、找平、找正、试漏、无负荷试运转。

计量单位：座

编 号				6-2-277	6-2-278	6-2-279	6-2-280	6-2-281	6-2-282
项 目				直径（mm 以内）					
				300	400	500	600	800	900
名 称			单位	消 耗 量					
人工	合计工日		工日	5.760	6.394	6.696	7.227	8.243	8.971
	其中	普工	工日	1.152	1.279	1.339	1.446	1.649	1.794
		一般技工	工日	4.032	4.476	4.687	5.058	5.770	6.280
		高级技工	工日	0.576	0.639	0.670	0.723	0.824	0.897
材料	钢板 δ3～10		kg	14.920	14.920	14.920	14.920	14.920	14.920
	镀锌铁丝 ϕ3.5		kg	1.961	1.961	1.961	1.961	1.961	1.961
	板枋材		m^3	0.005	0.006	0.007	0.007	0.008	0.009
	枕木 2 000×250×200		根	0.100	0.100	0.100	0.100	0.100	0.100
	膨胀水泥		kg	12.000	20.000	26.000	31.000	40.000	49.000
	砂子（中粗砂）		m^3	0.020	0.030	0.040	0.050	0.059	0.069
	碎石 10		m^3	0.020	0.030	0.040	0.050	0.070	0.080
	合金钢焊条		kg	0.130	0.130	0.180	0.240	0.240	0.240
	平垫铁 Q195～Q235 1#		块	4.080	4.080	4.080	6.120	6.120	6.120
	斜垫铁 Q195～Q235 1#		块	8.160	8.160	8.160	12.240	12.240	12.240
	氧气		m^3	0.850	0.850	0.850	0.850	0.850	0.850
	乙炔气		kg	0.327	0.327	0.327	0.327	0.327	0.327
	钙基润滑脂		kg	0.291	0.389	0.437	0.486	0.583	0.631
	机油 5#～7#		kg	0.100	0.100	0.100	0.150	0.200	0.200
	煤油		kg	0.198	0.297	0.396	0.446	0.594	0.693
	其他材料费		%	2.00	2.00	2.00	2.00	2.00	2.00
机械	汽车式起重机 8t		台班	0.088	0.088	0.088	0.150	0.168	0.221
	载重汽车 8t		台班	—	—	—	0.036	0.043	0.043
	直流弧焊机 32kV·A		台班	0.026	0.026	0.036	0.049	0.049	0.049
	电焊条烘干箱 45×35×45（cm^3）		台班	0.003	0.003	0.004	0.005	0.005	0.005

工作内容：开箱点件、基础画线、场内运输、闸门安装、找平、找正、试漏、无负荷试运转。

计量单位：座

编号				6-2-283	6-2-284	6-2-285	6-2-286	6-2-287	6-2-288
项目				直径（mm 以内）					
				1 000	1 200	1 400	1 600	1 800	2 000
名称			单位	消耗量					
人工	合计工日		工日	9.882	10.773	16.804	21.748	25.527	30.486
	其中	普工	工日	1.976	2.154	3.361	4.350	5.105	6.097
		一般技工	工日	6.918	7.541	11.763	15.223	17.869	21.340
		高级技工	工日	0.988	1.078	1.680	2.175	2.553	3.049
材料	钢板 $\delta 3\sim10$		kg	14.920	14.920	23.720	23.720	23.720	23.720
	镀锌铁丝 $\phi 3.5$		kg	1.961	1.961	1.961	1.961	1.961	1.961
	板枋材		m^3	0.010	0.011	0.013	0.015	0.017	0.019
	枕木 2 000×250×200		根	0.100	0.100	0.100	0.120	0.120	0.120
	膨胀水泥		kg	58.000	76.000	123.000	131.000	163.000	261.000
	砂子（中粗砂）		m^3	0.089	0.119	0.208	0.208	0.257	0.406
	碎石 10		m^3	0.100	0.130	0.230	0.230	0.281	0.510
	合金钢焊条		kg	0.360	0.360	0.501	0.501	1.030	1.030
	平垫铁 Q195～Q235 $1^{\#}$		块	8.160	8.160	10.200	10.200	10.200	12.240
	斜垫铁 Q195～Q235 $1^{\#}$		块	16.320	16.320	20.400	20.400	20.400	24.480
	氧气		m^3	0.850	0.850	0.980	0.980	0.980	0.980
	乙炔气		kg	0.327	0.327	0.377	0.377	0.377	0.377
	钙基润滑脂		kg	0.680	0.777	0.874	0.971	1.069	1.166
	机油 $5^{\#}\sim7^{\#}$		kg	0.250	0.300	0.350	0.400	0.450	0.500
	煤油		kg	0.743	0.891	1.040	1.188	1.337	1.485
	其他材料费		%	2.00	2.00	2.00	2.00	2.00	2.00
机械	汽车式起重机 8t		台班	0.221	0.310	0.310	0.310	0.088	0.088
	汽车式起重机 12t		台班	—	—	—	—	0.336	0.310
	载重汽车 8t		台班	0.043	0.058	0.058	0.058	0.072	0.072
	直流弧焊机 32kV·A		台班	0.072	0.072	0.101	0.101	0.208	0.208
	电焊条烘干箱 45×35×45（cm^3）		台班	0.007	0.007	0.010	0.010	0.021	0.021

2. 铸铁方闸门

工作内容: 开箱点件、基础画线、场内运输、闸门安装、找平、找正、试漏、无负荷试运转。

计量单位: 座

编号				6-2-289	6-2-290	6-2-291	6-2-292	6-2-293	6-2-294
项目				长×宽(mm 以内)					
				300×300	400×400	500×500	600×600	800×800	1 000×1 000
名称			单位	消耗量					
人工	合计工日		工日	6.505	7.517	8.238	8.693	9.544	12.012
	其中	普工	工日	1.301	1.503	1.648	1.739	1.909	2.402
		一般技工	工日	4.554	5.262	5.766	6.085	6.681	8.409
		高级技工	工日	0.650	0.752	0.824	0.869	0.954	1.201
材料	镀锌铁丝 ϕ3.5		kg	1.961	1.961	1.961	1.961	1.961	1.961
	板枋材		m^3	0.008	0.010	0.012	0.012	0.014	0.021
	枕木 2 000×250×200		根	0.100	0.100	0.100	0.100	0.100	0.250
	膨胀水泥		kg	35.000	49.000	58.000	67.000	84.000	145.000
	砂子(中粗砂)		m^3	0.059	0.079	0.099	0.119	0.129	0.218
	碎石 10		m^3	0.060	0.080	0.100	0.120	0.130	0.250
	合金钢焊条		kg	0.080	0.130	0.160	0.200	0.240	0.360
	平垫铁 Q195~Q235 1#		块	4.080	4.080	6.120	6.120	8.160	8.160
	斜垫铁 Q195~Q235 1#		块	8.160	8.160	12.240	12.240	16.320	16.320
	钙基润滑脂		kg	0.291	0.389	0.437	0.486	0.583	1.166
	机油 5#~7#		kg	0.100	0.150	0.180	0.200	0.200	0.250
	煤油		kg	0.297	0.396	0.446	0.495	0.594	0.743
	其他材料费		%	2.00	2.00	2.00	2.00	2.00	2.00
机械	汽车式起重机 8t		台班	0.088	0.088	0.097	0.097	0.150	0.150
	载重汽车 8t		台班	—	—	—	—	0.036	0.036
	直流弧焊机 32kV·A		台班	0.017	0.026	0.032	0.040	0.049	0.072
	电焊条烘干箱 45×35×45(cm^3)		台班	0.002	0.003	0.003	0.004	0.005	0.007

工作内容： 开箱点件、基础画线、场内运输、闸门安装、找平、找正、试漏、无负荷试运转。

计量单位：座

编号				6-2-295	6-2-296	6-2-297	6-2-298	6-2-299
项目				长×宽（mm 以内）				
				1 200×1 200	1 400×1 400	1 600×1 600	1 800×1 800	2 000×2 000
名称			单位	消耗量				
人工	合计工日		工日	14.246	15.847	18.488	21.239	23.324
	其中	普工	工日	2.849	3.169	3.697	4.248	4.665
		一般技工	工日	9.972	11.093	12.942	14.867	16.327
		高级技工	工日	1.425	1.585	1.849	2.124	2.332
材料	镀锌铁丝 $\phi 3.5$		kg	1.961	1.961	1.961	1.961	1.961
	板枋材		m^3	0.028	0.033	0.038	0.043	0.048
	枕木 2 000×250×200		根	0.250	0.250	0.400	0.400	0.400
	膨胀水泥		kg	211.000	254.000	299.000	354.000	408.000
	砂子（中粗砂）		m^3	0.327	0.396	0.495	0.594	0.693
	碎石 10		m^3	0.370	0.440	0.600	0.700	0.800
	合金钢焊条		kg	0.360	0.360	0.480	0.480	0.480
	平垫铁 Q195～Q235 1#		块	8.160	8.160	10.200	10.200	10.200
	斜垫铁 Q195～Q235 1#		块	16.320	16.320	20.400	20.400	20.400
	钙基润滑脂		kg	1.263	1.360	1.457	1.554	1.651
	机油 5#～7#		kg	0.300	0.350	0.400	0.450	0.500
	煤油		kg	0.891	1.089	1.188	1.386	1.584
	其他材料费		%	2.00	2.00	2.00	2.00	2.00
机械	汽车式起重机 8t		台班	0.150	0.221	0.062	0.071	0.071
	汽车式起重机 12t		台班	—	—	0.159	0.239	0.239
	载重汽车 8t		台班	0.036	0.043	0.043	0.058	0.058
	直流弧焊机 32kV·A		台班	0.072	0.072	0.097	0.097	0.097
	电焊条烘干箱 45×35×45（cm^3）		台班	0.007	0.007	0.010	0.010	0.010

3. 钢制闸门

工作内容： 开箱点件、基础画线、场内运输、闸门安装、找平、找正、试漏、无负荷试运转。

计量单位：座

编号				6-2-300	6-2-301	6-2-302	6-2-303	6-2-304
项目				进水口长 × 宽（mm 以内）				
				1 000 × 800	1 800 × 1 600	2 000 × 1 200	2 500 × 1 800	2 500 × 2 000
名称			单位	消耗量				
人工	合计工日		工日	5.285	8.099	7.409	11.322	14.055
	其中	普工	工日	1.057	1.619	1.482	2.265	2.811
		一般技工	工日	3.700	5.670	5.186	7.925	9.839
		高级技工	工日	0.528	0.810	0.741	1.132	1.405
材料	镀锌铁丝 $\phi3.5$		kg	1.471	1.961	1.961	1.961	1.961
	板枋材		m^3	0.008	0.010	0.010	0.012	0.012
	枕木 2 000 × 250 × 200		根	0.050	0.080	0.100	0.120	0.120
	水泥 P·O 42.5		kg	8.000	14.600	16.400	19.800	23.600
	砂子（中粗砂）		m^3	0.010	0.020	0.025	0.030	0.040
	碎石 10		m^3	0.020	0.030	0.035	0.040	0.050
	合金钢焊条		kg	1.200	1.600	1.600	1.800	1.800
	平垫铁 Q195 ~ Q235 $1^{\#}$		块	4.080	4.080	4.080	4.080	4.080
	斜垫铁 Q195 ~ Q235 $1^{\#}$		块	8.160	8.160	8.160	8.160	8.160
	钙基润滑脂		kg	0.971	0.971	0.971	0.971	0.971
	机油 $5^{\#}$ ~ $7^{\#}$		kg	0.200	0.300	0.300	0.300	0.300
	煤油		kg	0.198	0.594	0.594	0.594	0.594
	其他材料费		%	2.00	2.00	2.00	2.00	2.00
机械	汽车式起重机 8t		台班	0.088	0.150	0.150	0.150	0.221
	载重汽车 8t		台班	—	0.036	0.036	0.036	0.043
	直流弧焊机 32kV·A		台班	0.242	0.323	0.323	0.363	0.363
	电焊条烘干箱 45 × 35 × 45（cm^3）		台班	0.024	0.032	0.032	0.036	0.036

工作内容：开箱点件、基础画线、场内运输、闸门安装、找平、找正、试漏、无负荷试运转。

计量单位：座

编号				6-2-305	6-2-306	6-2-307	6-2-308	6-2-309
项目				进水口长 × 宽（mm 以内）				
				2 500 × 2 200	4 000 × 1 200	3 000 × 2 000	3 000 × 2 500	3 600 × 3 000
名称			单位	消耗量				
人工	合计工日		工日	16.105	14.243	18.629	20.492	23.351
	其中	普工	工日	3.221	2.849	3.726	4.098	4.670
		一般技工	工日	11.273	9.970	13.040	14.345	16.346
		高级技工	工日	1.611	1.424	1.863	2.049	2.335
材料	镀锌铁丝 ϕ3.5		kg	1.961	2.942	2.942	2.942	2.942
	板枋材		m^3	0.012	0.016	0.018	0.018	0.020
	枕木 2 000 × 250 × 200		根	0.120	0.200	0.200	0.200	0.200
	水泥 P·O 42.5		kg	28.400	36.600	42.400	44.600	50.800
	砂子（中粗砂）		m^3	0.050	0.059	0.069	0.069	0.079
	碎石 10		m^3	0.060	0.070	0.080	0.080	0.090
	合金钢焊条		kg	1.800	2.000	2.000	2.000	2.000
	平垫铁 Q195 ~ Q235 1#		块	4.080	6.120	6.120	6.120	6.120
	斜垫铁 Q195 ~ Q235 1#		块	8.160	12.240	12.240	12.240	12.240
	钙基润滑脂		kg	0.971	1.943	1.943	1.943	1.943
	机油 5# ~ 7#		kg	0.300	0.400	0.400	0.400	0.400
	煤油		kg	0.594	0.792	0.792	0.792	0.792
	其他材料费		%	2.00	2.00	2.00	2.00	2.00
机械	汽车式起重机 8t		台班	0.221	0.221	0.221	0.221	0.071
	汽车式起重机 12t		台班	—	—	—	—	0.239
	载重汽车 8t		台班	0.043	0.043	0.043	0.043	0.058
	直流弧焊机 32kV·A		台班	0.363	0.404	0.404	0.404	0.404
	电焊条烘干箱 45 × 35 × 45（cm^3）		台班	0.036	0.040	0.040	0.040	0.040

4. 叠梁闸门

工作内容：开箱点件、基础画线、场内运输、闸门安装、找平、找正、试漏、无负荷试运转。

计量单位：座

编号				6-2-310	6-2-311	6-2-312	6-2-313
项目				渠道宽度（m 以内）			
				1		2	
				门体基本高度（m 以内）			
				1	每增加 0.5	1	每增加 0.5
名称			单位	消耗量			
人工	合计工日		工日	6.604	0.990	8.390	1.259
	其中	普工	工日	1.321	0.197	1.678	0.252
		一般技工	工日	4.623	0.694	5.873	0.881
		高级技工	工日	0.660	0.099	0.839	0.126
材料	镀锌铁丝 ϕ2.5～1.4		kg	3.030	0.303	3.030	1.515
	木材（成材）		m^3	0.026	0.014	0.026	0.026
	枕木 2 000×200×200		根	0.053	—	0.053	—
	水泥 P·O 42.5		kg	14.280	7.140	15.300	7.650
	砂子（中砂）		m^3	0.027	0.013	0.027	0.013
	碎石 10		m^3	0.046	0.023	0.046	0.023
	低碳钢焊条 J422（综合）		kg	1.881	0.941	1.881	0.941
	其他材料费		%	2.00	2.00	2.00	2.00
机械	汽车式起重机 8t		台班	0.087	0.013	0.087	0.013
	载重汽车 8t		台班	0.021	0.003	0.021	0.003
	直流弧焊机 32kV·A		台班	0.298	0.045	0.298	0.045
	电焊条烘干箱 45×35×45（cm^3）		台班	0.030	0.005	0.030	0.005

工作内容：开箱点件、基础画线、场内运输、闸门安装、找平、找正、试漏、无负荷试运转。

计量单位：座

编号				6-2-314	6-2-315	6-2-316	6-2-317
项目				渠道宽度（m 以内）			
				3		4	
				门体基本高度（m 以内）			
				1	每增加 0.5	1	每增加 0.5
名称			单位	消耗量			
人工	合计工日		工日	10.566	1.584	11.459	1.719
	其中	普工	工日	2.113	0.317	2.292	0.344
		一般技工	工日	7.396	1.109	8.021	1.203
		高级技工	工日	1.057	0.158	1.146	0.172
材料	镀锌铁丝 ϕ2.5～1.4		kg	3.030	0.303	3.030	0.303
	木材（成材）		m^3	0.026	0.014	0.026	0.014
	枕木 2 000×200×200		根	0.053	0.005	0.053	0.005
	水泥 P·O 42.5		kg	16.320	8.160	19.380	9.690
	砂子（中砂）		m^3	0.041	0.020	0.051	0.026
	碎石 10		m^3	0.046	0.023	0.056	0.029
	低碳钢焊条 J422（综合）		kg	1.881	0.941	1.881	0.941
	其他材料费		%	2.00	2.00	2.00	2.00
机械	汽车式起重机 8t		台班	0.128	0.019	0.036	0.540
	汽车式起重机 12t		台班	—	—	0.102	0.015
	载重汽车 8t		台班	0.025	0.004	0.025	0.004
	直流弧焊机 32kV·A		台班	0.298	0.045	0.298	0.045
	电焊条烘干箱 45×35×45（cm^3）		台班	0.030	0.005	0.030	0.005

三十、旋　转　门

工作内容：开箱点件、基础画线、场内运输、旋转门安装、找平、找正、试漏、无负荷试运转。

计量单位：座

编　号				6-2-318	6-2-319
项　目				长×宽(mm)	
				2 600×3 000	3 500×3 100
名　称			单位	消　耗　量	
人工	合计工日		工日	12.509	15.121
	其中	普工	工日	2.502	3.024
		一般技工	工日	8.756	10.585
		高级技工	工日	1.251	1.512
材料	钢板 δ3～10		kg	10.600	12.800
	镀锌铁丝 ϕ3.5		kg	2.942	2.942
	板枋材		m^3	0.040	0.050
	膨胀水泥		kg	38.000	46.000
	砂子(中粗砂)		m^3	0.069	0.079
	碎石 10		m^3	0.070	0.080
	合金钢焊条		kg	0.440	0.560
	平垫铁 Q195～Q235 1#		块	8.160	8.160
	斜垫铁 Q195～Q235 1#		块	16.320	16.320
	氧气		m^3	1.200	1.500
	乙炔气		kg	0.462	0.577
	钙基润滑脂		kg	1.943	1.943
	机油 5#～7#		kg	0.600	0.600
	煤油		kg	1.188	1.188
	其他材料费		%	2.00	2.00
机械	汽车式起重机 8t		台班	0.310	0.071
	汽车式起重机 12t		台班	—	0.239
	载重汽车 8t		台班	0.058	0.058
	直流弧焊机 32kV·A		台班	0.089	0.113
	电焊条烘干箱 45×35×45(cm^3)		台班	0.009	0.011

三十一、堰　　门

1. 铸 铁 堰 门

工作内容: 开箱点件、基础画线、场内运输、堰门安装、找平、找正、试漏、无负荷试运转。

计量单位: 座

编号				6-2-320	6-2-321	6-2-322	6-2-323	6-2-324
项目				长 × 宽(mm)				
				400 × 300	600 × 300	800 × 400	1 000 × 500	1 200 × 600
名称			单位	消耗量				
人工	合计工日		工日	4.735	5.579	6.808	7.889	8.995
	其中	普工	工日	0.948	1.116	1.362	1.578	1.799
		一般技工	工日	3.314	3.905	4.765	5.522	6.296
		高级技工	工日	0.473	0.558	0.681	0.789	0.900
材料	钢板 $\delta3 \sim 10$		kg	6.140	6.140	6.140	7.990	7.990
	镀锌铁丝 $\phi3.5$		kg	1.961	1.961	1.961	1.961	1.961
	板枋材		m^3	0.023	0.023	0.025	0.031	0.031
	膨胀水泥		kg	9.000	9.000	18.000	27.000	35.000
	砂子(中粗砂)		m^3	0.010	0.010	0.030	0.040	0.059
	碎石 10		m^3	0.020	0.020	0.030	0.040	0.060
	低碳钢焊条 J422(综合)		kg	0.130	0.130	0.130	0.240	0.240
	平垫铁 Q195 ~ Q235 1#		块	8.160	8.160	8.160	12.240	12.240
	斜垫铁 Q195 ~ Q235 1#		块	4.080	4.080	4.080	6.120	6.120
	氧气		m^3	0.490	0.500	0.500	0.600	0.600
	乙炔气		kg	0.188	0.192	0.192	0.231	0.231
	钙基润滑脂		kg	0.389	0.486	0.583	0.680	0.777
	机油 5# ~ 7#		kg	0.100	0.150	0.200	0.250	0.300
	煤油		kg	0.297	0.446	0.594	0.743	0.891
	其他材料费		%	2.00	2.00	2.00	2.00	2.00
机械	汽车式起重机 8t		台班	0.088	0.088	0.088	0.088	0.150
	载重汽车 8t		台班	—	—	—	—	0.036
	直流弧焊机 32kV·A		台班	0.026	0.026	0.026	0.049	0.049
	电焊条烘干箱 45 × 35 × 45(cm^3)		台班	0.003	0.003	0.003	0.005	0.005

工作内容：开箱点件、基础画线、场内运输、堰门安装、找平、找正、试漏、无负荷试运转。

计量单位：座

编　号			6-2-325	6-2-326	6-2-327	6-2-328	6-2-329
项　目			长 × 宽（mm）				
			1 500 × 500	1 800 × 500	2 000 × 500	2 000 × 1 000	2 000 × 1 500
名　称		单位	消　耗　量				
人工	合计工日	工日	11.110	11.639	12.197	12.803	13.440
	其中 普工	工日	2.222	2.328	2.439	2.561	2.688
	其中 一般技工	工日	7.777	8.147	8.538	8.962	9.408
	其中 高级技工	工日	1.111	1.164	1.220	1.280	1.344
材料	钢板 δ3～10	kg	10.579	10.579	12.699	12.699	12.699
	镀锌铁丝 ϕ3.5	kg	2.020	2.020	2.020	2.020	2.020
	板枋材	m^3	0.037	0.037	0.040	0.040	0.040
	膨胀水泥	kg	44.188	55.227	60.752	60.752	60.752
	砂子（中粗砂）	m^3	0.080	0.102	0.114	0.114	0.114
	碎石 10	m^3	0.080	0.102	0.114	0.114	0.114
	低碳钢焊条 J422（综合）	kg	0.473	0.473	0.572	0.572	0.572
	平垫铁 Q195～Q235 1#	块	4.080	4.080	4.080	4.080	4.080
	斜垫铁 Q195～Q235 1#	块	8.160	8.160	8.160	8.160	8.160
	氧气	m^3	0.770	0.880	1.056	1.056	1.056
	乙炔气	kg	0.296	0.338	0.406	0.406	0.406
	钙基润滑脂	kg	0.918	0.918	1.020	1.020	1.020
	机油 5#～7#	kg	0.361	0.361	0.412	0.412	0.412
	煤油	kg	1.071	1.224	1.377	1.377	1.377
	其他材料费	%	2.00	2.00	2.00	2.00	2.00
机械	汽车式起重机 8t	台班	0.170	0.170	0.200	0.200	0.200
	载重汽车 8t	台班	0.040	0.040	0.048	0.048	0.048
	直流弧焊机 32kV·A	台班	0.090	0.090	0.108	0.108	0.108
	电焊条烘干箱 45×35×45（cm^3）	台班	0.009	0.009	0.011	0.011	0.011

2. 钢制调节堰门

工作内容： 开箱点件、基础画线、场内运输、堰门安装、找平、找正、试漏、无负荷试运转。

计量单位：座

编号				6-2-330	6-2-331	6-2-332	6-2-333
项目				宽度（mm 以内）			
				2 000	2 500	3 000	4 000
名称			单位	消耗量			
人工	合计工日		工日	9.407	11.080	13.698	16.190
	其中	普工	工日	1.881	2.216	2.740	3.238
		一般技工	工日	6.585	7.756	9.588	11.333
		高级技工	工日	0.941	1.108	1.370	1.619
材料	镀锌铁丝 ϕ3.5		kg	3.030	3.030	3.030	3.030
	板枋材		m^3	0.026	0.026	0.026	0.026
	枕木 2 000×200×200		根	0.053	0.053	0.053	0.053
	水泥 P·O 42.5		kg	14.280	15.300	16.320	19.380
	砂子（中粗砂）		m^3	0.020	0.020	0.031	0.031
	碎石 10		m^3	0.031	0.031	0.031	0.031
	低碳钢焊条 J422（综合）		kg	1.881	1.881	1.881	1.881
	平垫铁 Q195～Q235 1#		块	4.080	4.080	4.080	4.080
	斜垫铁 Q195～Q235 1#		块	8.160	8.160	8.160	8.160
	钙基润滑脂		kg	1.020	1.020	1.020	1.020
	机油 5#～7#		kg	0.103	0.206	0.309	0.515
	煤油		kg	0.204	0.408	0.612	0.918
	其他材料费		%	2.00	2.00	2.00	2.00
机械	汽车式起重机 8t		台班	0.150	0.150	0.221	0.062
	汽车式起重机 12t		台班	—	—	—	0.177
	载重汽车 8t		台班	0.036	0.036	0.043	0.043
	直流弧焊机 32kV·A		台班	0.345	0.345	0.345	0.345
	电焊条烘干箱 45×35×45（cm^3）		台班	0.035	0.035	0.035	0.035

3. 不锈钢调节堰门

工作内容：开箱点件、基础画线、场内运输、堰门安装、找平、找正、试漏、无负荷试运转。

计量单位：座

编号				6-2-334	6-2-335	6-2-336	6-2-337
项目				宽度（mm 以内）			
				2 000	2 500	3 000	4 000
名称			单位	消耗量			
人工	合计工日		工日	9.689	11.412	14.109	16.676
	其中	普工	工日	1.937	2.282	2.822	3.335
		一般技工	工日	6.783	7.989	9.876	11.673
		高级技工	工日	0.969	1.141	1.411	1.668
材料	镀锌铁丝 $\phi3.5$		kg	3.030	3.030	3.030	3.030
	板枋材		m^3	0.026	0.026	0.026	0.026
	枕木 2 000×200×200		根	0.053	0.053	0.053	0.053
	水泥 P·O 42.5		kg	14.280	15.300	16.320	19.380
	砂子（中粗砂）		m^3	0.020	0.020	0.031	0.031
	碎石 10		m^3	0.031	0.031	0.031	0.031
	不锈钢焊条（综合）		kg	1.881	1.881	1.881	1.881
	平垫铁 Q195～Q235 1#		块	4.080	4.080	4.080	4.080
	斜垫铁 Q195～Q235 1#		块	8.160	8.160	8.160	8.160
	钙基润滑脂		kg	1.020	1.020	1.020	1.020
	机油 5#～7#		kg	0.103	0.206	0.309	0.515
	煤油		kg	0.204	0.408	0.612	0.918
	其他材料费		%	2.00	2.00	2.00	2.00
机械	汽车式起重机 8t		台班	0.150	0.150	0.221	0.062
	汽车式起重机 12t		台班	—	—	—	0.177
	载重汽车 8t		台班	0.036	0.036	0.043	0.043
	直流弧焊机 32kV·A		台班	0.345	0.345	0.345	0.345
	电焊条烘干箱 45×35×45（cm^3）		台班	0.035	0.035	0.035	0.035

三十二、拍　　门

1. 玻璃钢圆形拍门

工作内容：开箱点件、基础画线、场内运输、拍门安装、找平、找正、螺栓紧固、无负荷试运转。

计量单位：个

		编　号		6-2-338	6-2-339	6-2-340	6-2-341	6-2-342	6-2-343
		项　目		公称直径（mm）					
				*DN*300 以内	*DN*600 以内	*DN*900 以内	*DN*1 200 以内	*DN*1 500 以内	*DN*1 500 以外
		名　称	单位	消　耗　量					
人工		合计工日	工日	1.934	2.696	4.420	5.346	6.083	6.692
人工	其中	普工	工日	0.387	0.539	0.884	1.069	1.217	1.339
人工	其中	一般技工	工日	1.354	1.887	3.094	3.742	4.258	4.684
人工	其中	高级技工	工日	0.193	0.270	0.442	0.535	0.608	0.669
材料		石棉橡胶板 高压 $\delta 1 \sim 6$	kg	0.212	0.445	0.689	0.774	1.145	1.145
材料		低碳钢焊条 J422（综合）	kg	0.091	0.091	0.091	0.161	0.161	0.161
材料		其他材料费	%	1.50	1.50	1.50	1.50	1.50	1.50
机械		汽车式起重机 8t	台班	0.007	0.020	0.044	0.078	0.089	0.142
机械		载重汽车 8t	台班	0.007	0.020	0.044	0.078	0.089	0.142
机械		吊装机械（综合）	台班	0.048	0.107	0.170	0.268	0.306	0.490
机械		直流弧焊机 20kV·A	台班	0.130	0.130	0.130	0.226	0.226	0.226
机械		电焊条烘干箱 $45 \times 35 \times 45$（cm^3）	台班	0.013	0.013	0.013	0.023	0.023	0.023

2. 铸铁圆形拍门

工作内容：开箱点件、基础画线、场内运输、拍门安装、找平、找正、螺栓紧固、无负荷试运转。

计量单位：个

编号				6-2-344	6-2-345	6-2-346	6-2-347	6-2-348	6-2-349
项目				公称直径（mm）					
				*DN*300以内	*DN*600以内	*DN*900以内	*DN*1 200以内	*DN*1 500以内	*DN*1 500以外
名称			单位	消耗量					
人工	合计工日		工日	2.128	2.966	5.546	5.879	6.692	8.119
	其中	普工	工日	0.426	0.593	1.109	1.175	1.339	1.624
		一般技工	工日	1.489	2.076	3.882	4.116	4.684	5.683
		高级技工	工日	0.213	0.297	0.555	0.588	0.669	0.812
材料	低碳钢焊条 J422 ϕ3.2		kg	0.091	0.091	0.091	0.161	0.161	0.161
	石棉橡胶板 高压 δ1～6		kg	0.445	0.445	0.689	0.774	1.145	1.299
	其他材料费		%	1.50	1.50	1.50	1.50	1.50	1.50
机械	汽车式起重机 8t		台班	0.008	0.031	0.070	0.124	0.142	0.166
	载重汽车 8t		台班	0.008	0.031	0.070	0.124	0.142	0.166
	吊装机械（综合）		台班	0.055	0.170	0.272	0.429	0.490	0.538
	直流弧焊机 20kV·A		台班	0.210	0.210	0.210	0.361	0.361	0.361
	电焊条烘干箱 45×35×45（cm^3）		台班	0.021	0.021	0.021	0.036	0.036	0.036

3. 碳钢圆形拍门

工作内容： 开箱点件、基础画线、场内运输、拍门安装、找平、找正、螺栓紧固、无负荷试运转。

计量单位：个

编号				6-2-350	6-2-351	6-2-352	6-2-353	6-2-354	6-2-355
项目				公称直径（mm）					
				*DN*300以内	*DN*600以内	*DN*900以内	*DN*1 200以内	*DN*1 500以内	*DN*1 500以外
名称			单位	消耗量					
人工	合计工日		工日	2.128	2.966	5.546	5.879	6.692	8.119
	其中	普工	工日	0.426	0.593	1.109	1.175	1.339	1.624
		一般技工	工日	1.489	2.076	3.882	4.116	4.684	5.683
		高级技工	工日	0.213	0.297	0.555	0.588	0.669	0.812
材料	低碳钢焊条 J422（综合）		kg	0.091	0.091	0.091	0.161	0.161	0.161
	石棉橡胶板高压 $\delta 1\sim6$		kg	0.445	0.445	0.689	0.774	1.145	1.299
	其他材料费		%	1.50	1.50	1.50	1.50	1.50	1.50
机械	汽车式起重机 8t		台班	0.008	0.031	0.070	0.124	0.142	0.166
	载重汽车 8t		台班	0.008	0.031	0.070	0.124	0.142	0.166
	吊装机械（综合）		台班	0.055	0.170	0.272	0.429	0.490	0.538
	直流弧焊机 20kV·A		台班	0.210	0.210	0.210	0.361	0.361	0.361
	电焊条烘干箱 $45\times35\times45$（cm^3）		台班	0.021	0.021	0.021	0.036	0.036	0.036

4. 不锈钢圆形拍门

工作内容：开箱点件、基础画线、场内运输、拍门安装、找平、找正、螺栓紧固、无负荷试运转。

计量单位：个

编号				6-2-356	6-2-357	6-2-358	6-2-359	6-2-360	6-2-361
项目				公称直径（mm）					
				*DN*300以内	*DN*600以内	*DN*900以内	*DN*1 200以内	*DN*1 500以内	*DN*1 500以外
名称			单位	消耗量					
人工	合计工日		工日	2.192	3.055	5.712	6.055	6.893	8.363
	其中	普工	工日	0.439	0.611	1.142	1.210	1.379	1.673
		一般技工	工日	1.534	2.138	3.998	4.239	4.825	5.853
		高级技工	工日	0.219	0.306	0.572	0.606	0.689	0.836
材料	不锈钢焊条（综合）		kg	0.091	0.091	0.091	0.161	0.161	0.161
	石棉橡胶板 高压 $\delta 1 \sim 6$		kg	0.445	0.445	0.689	0.774	1.145	1.299
	其他材料费		%	1.50	1.50	1.50	1.50	1.50	1.50
机械	汽车式起重机 8t		台班	0.008	0.031	0.070	0.124	0.142	0.166
	载重汽车 8t		台班	0.008	0.031	0.070	0.124	0.142	0.166
	吊装机械（综合）		台班	0.055	0.170	0.272	0.429	0.490	0.538
	直流弧焊机 20kV·A		台班	0.210	0.210	0.210	0.361	0.361	0.361
	电焊条烘干箱 $45 \times 35 \times 45$（cm^3）		台班	0.021	0.021	0.021	0.036	0.036	0.036

三十三、启　闭　机

工作内容： 开箱点件、基础画线、场内运输、安装就位、找平、找正、检查、加油、无负荷试运转。

计量单位： 台

编　号				6-2-362	6-2-363	6-2-364
项　目				手摇式	手轮式	手电两用
名　称			单位	消　耗　量		
人工	合计工日		工日	4.650	3.700	8.754
	其中	普工	工日	0.930	0.740	1.751
		一般技工	工日	3.255	2.590	6.127
		高级技工	工日	0.465	0.370	0.876
材料	钢板 δ3～10		kg	8.220	0.800	14.690
	热轧薄钢板 δ1.0～3.0		kg	—	—	0.800
	板枋材		m^3	0.004	0.004	0.004
	水泥 P·O 42.5		kg	5.000	—	9.000
	砂子（中粗砂）		m^3	0.010	—	0.020
	碎石 10		m^3	0.010	—	0.020
	合金钢焊条		kg	0.390	0.187	0.700
	氧气		m^3	0.400	—	0.770
	乙炔气		kg	0.154	—	0.296
	钙基润滑脂		kg	1.457	1.020	1.749
	机油 5#～7#		kg	0.200	0.206	0.400
	煤油		kg	0.891	0.612	1.485
	其他材料费		%	2.00	2.00	2.00
机械	汽车式起重机 8t		台班	0.088	0.088	0.150
	载重汽车 8t		台班	0.086	0.036	0.036
	直流弧焊机 32kV·A		台班	0.079	0.035	0.141
	电焊条烘干箱 45×35×45（cm^3）		台班	0.008	0.004	0.014

工作内容：开箱点件、基础画线、场内运输、安装就位、找平、找正、检查、加油、无负荷试运转。

计量单位：台

编号				6-2-365	6-2-366
项目				手摇式（双吊点）	电动式（双吊点）
名称			单位	消耗量	
人工	合计工日		工日	7.769	9.323
	其中	普工	工日	1.554	1.865
		一般技工	工日	5.438	6.526
		高级技工	工日	0.777	0.932
材料	中厚钢板（综合）		t	0.110	0.110
	镀锌铁丝（综合）		kg	0.818	0.818
	木材（成材）		m^3	0.021	0.021
	枕木		m^3	0.032	0.032
	低合金钢焊条 E43 系列		kg	2.505	2.505
	氧气		m^3	2.904	2.904
	乙炔气		kg	1.117	1.117
	钙基润滑脂		kg	0.306	0.306
	机油		kg	0.834	0.834
	煤油		kg	2.050	2.050
	其他材料费		%	2.00	2.00
机械	汽车式起重机 8t		台班	0.822	0.822
	载重汽车 8t		台班	0.036	0.036
	直流弧焊机 32kV·A		台班	0.455	0.455
	电焊条烘干箱 45×35×45（cm^3）		台班	0.046	0.046

三十四、升杆式铸铁泥阀

工作内容： 开箱点件、基础画线、场内运输、阀门安装、找平、找正、试漏、无负荷试运转。

计量单位：座

编号			6-2-367	6-2-368	6-2-369	6-2-370	6-2-371
项目			公称直径（mm 以内）				
			*DN*100	*DN*200	*DN*300	*DN*400	*DN*500
名称		单位	消耗量				
人工	合计工日	工日	2.906	3.253	3.722	4.229	5.037
	其中 普工	工日	0.581	0.650	0.744	0.846	1.008
	其中 一般技工	工日	2.034	2.277	2.606	2.960	3.526
	其中 高级技工	工日	0.291	0.326	0.372	0.423	0.503
材料	钢板 δ3～10	kg	0.800	0.900	1.010	1.110	1.230
	板枋材	m^3	0.008	0.008	0.009	0.010	0.010
	水泥 P·O 42.5	kg	27.000	32.000	40.000	53.000	69.000
	砂子（中粗砂）	m^3	0.040	0.050	0.059	0.079	0.089
	碎石 10	m^3	0.040	0.060	0.070	0.090	0.100
	合金钢焊条	kg	0.220	0.220	0.220	0.220	0.220
	氧气	m^3	0.380	0.480	0.580	0.680	0.780
	乙炔气	kg	0.146	0.185	0.223	0.262	0.300
	钙基润滑脂	kg	0.971	0.971	0.971	0.971	0.971
	其他材料费	%	2.00	2.00	2.00	2.00	2.00
机械	汽车式起重机 8t	台班	0.088	0.088	0.088	0.133	0.150
	载重汽车 8t	台班	—	—	—	0.036	0.036
	直流弧焊机 32kV·A	台班	0.044	0.044	0.044	0.044	0.044
	电焊条烘干箱 45×35×45（cm^3）	台班	0.004	0.004	0.004	0.004	0.004

三十五、平 底 盖 阀

工作内容： 开箱点件、基础画线、场内运输、阀门安装、找平、找正、试漏、无负荷试运转。

计量单位：座

编号			6-2-372	6-2-373	6-2-374	6-2-375	6-2-376
项目			公称直径（mm 以内）				
			*DN*300	*DN*500	*DN*800	*DN*900	*DN*1 000
名称		单位	消耗量				
人工	合计工日	工日	3.595	4.678	6.131	7.688	8.970
人工	其中 普工	工日	0.719	0.935	1.226	1.537	1.795
人工	其中 一般技工	工日	2.516	3.275	4.292	5.382	6.278
人工	其中 高级技工	工日	0.360	0.468	0.613	0.769	0.897
材料	钢板 δ3～10	kg	0.600	0.750	0.900	1.050	1.200
材料	水泥 P·O 42.5	kg	24.000	30.000	36.000	42.000	48.000
材料	板枋材	m^3	0.009	0.010	0.011	0.012	0.013
材料	砂子（中粗砂）	m^3	0.040	0.050	0.059	0.069	0.079
材料	碎石 10	m^3	0.050	0.060	0.070	0.080	0.090
材料	合金钢焊条	kg	0.200	0.240	0.280	0.300	0.320
材料	氧气	m^3	0.390	0.480	0.600	0.740	0.860
材料	乙炔气	kg	0.150	0.185	0.231	0.285	0.331
材料	钙基润滑脂	kg	0.971	0.971	0.971	0.971	0.971
材料	其他材料费	%	2.00	2.00	2.00	2.00	2.00
机械	汽车式起重机 8t	台班	0.088	0.133	0.150	0.283	0.283
机械	载重汽车 8t	台班	—	0.036	0.036	0.072	0.072
机械	直流弧焊机 32kV·A	台班	0.040	0.049	0.057	0.061	0.065
机械	电焊条烘干箱 45×35×45（cm^3）	台班	0.004	0.005	0.006	0.006	0.007

三十六、集 水 槽

1. 直线集水槽

(1)直线集水槽制作

工作内容: 放样、下料、折边、铣孔、法兰制作、组对、焊接、酸洗、除锈、刷油。 **计量单位:** t

编号				6-2-377	6-2-378	6-2-379	6-2-380	6-2-381	6-2-382
项目				碳钢(厚度 mm 以内)			不锈钢(厚度 mm 以内)		
				4	6	8	4	6	8
名称			单位	消耗量					
人工	合计工日		工日	22.237	21.427	18.170	28.876	24.220	19.854
	其中	普工	工日	4.447	4.285	3.634	5.775	4.844	3.971
		一般技工	工日	15.566	14.999	12.719	20.213	16.954	13.898
		高级技工	工日	2.224	2.143	1.817	2.888	2.422	1.985
材料	钢板 $\delta 4\sim8$		t	(1.090)	(1.090)	(1.090)	—	—	—
	不锈钢板 $\delta 4\sim8$		t	—	—	—	(1.090)	(1.090)	(1.090)
	扁钢(综合)		kg	20.051	20.045	15.040	—	—	—
	不锈钢扁钢(综合)		kg	—	—	—	19.586	19.584	14.686
	低碳钢焊条 J422(综合)		kg	6.411	6.189	5.886	—	—	—
	不锈钢焊条(综合)		kg	—	—	—	6.347	6.256	6.127
	防锈漆		kg	17.452	11.634	8.726	—	—	—
	酚醛调和漆		kg	12.484	8.323	6.242	—	—	—
	氧气		m^3	5.780	4.901	4.449	—	—	—
	乙炔气		kg	2.223	1.885	1.711	—	—	—
	砂轮片 $\phi200$		片	2.341	1.783	1.505	—	—	—
	钢丝刷子		把	1.274	0.849	0.637	—	—	—
	砂布		张	9.554	6.368	4.777	—	—	—
	汽油 $70^{\#}\sim90^{\#}$		kg	5.796	3.864	2.898	—	—	—
	硝酸纯度 98%		kg	—	—	—	2.838	1.892	1.419
	氢氟酸 45%		kg	—	—	—	5.675	3.784	2.837
	其他材料费		%	2.00	2.00	2.00	2.00	2.00	2.00
机械	汽车式起重机 8t		台班	0.191	0.127	0.135	0.189	0.126	0.095
	载重汽车 8t		台班	0.153	0.102	0.108	0.151	0.101	0.076
	立式铣床 320×1 250		台班	1.707	1.138	0.920	1.851	1.234	1.006
	等离子切割机 400A		台班	—	—	—	0.322	0.179	0.134
	剪板机 13×3 000		台班	0.678	0.722	0.677	0.672	0.715	0.670
	折方机 4×2 000		台班	0.541	0.722	0.772	0.672	0.805	0.711
	直流弧焊机 20kV·A		台班	—	—	—	1.384	1.335	1.271
	直流弧焊机 32kV·A		台班	1.398	1.348	1.283	—	—	—
	电焊条烘干箱 45×35×45(cm^3)		台班	0.140	0.135	0.128	0.138	0.134	0.127

（2）直线集水槽安装

工作内容：清基、放线、安装、固定、补漆。　　　　**计量单位：**t

编号				6-2-383	6-2-384	6-2-385	6-2-386	6-2-387	6-2-388
项目				碳钢（厚度 mm 以内）			不锈钢（厚度 mm 以内）		
				4	6	8	4	6	8
名称			单位	消耗量					
人工	合计工日		工日	2.681	2.055	1.760	2.927	2.236	1.903
	其中	普工	工日	0.536	0.411	0.352	0.585	0.448	0.381
		一般技工	工日	1.877	1.439	1.232	2.049	1.565	1.332
		高级技工	工日	0.268	0.205	0.176	0.293	0.223	0.190
材料	钢板 δ4～8		kg	18.906	18.678	18.736	—	—	—
	不锈钢板 δ4～8		kg	—	—	—	18.380	18.271	18.376
	低碳钢焊条 J422（综合）		kg	1.752	1.495	1.454	—	—	—
	不锈钢焊条（综合）		kg	—	—	—	1.704	1.480	1.409
	氯丁橡胶板 δ3～4		kg	11.498	7.303	5.478	—	—	—
	不锈钢六角螺栓 M16×200		套	—	—	—	46.000	30.000	24.000
	六角螺栓带螺母、垫圈 M16×200		套	46.000	30.000	24.000	—	—	—
	防锈漆		kg	3.058	2.038	1.529	—	—	—
	酚醛调和漆		kg	2.198	1.465	1.099	—	—	—
	汽油 70#～90#		kg	1.022	0.682	0.511	—	—	—
	其他材料费		%	2.00	2.00	2.00	2.00	2.00	2.00
机械	汽车式起重机 8t		台班	0.433	0.289	0.312	0.429	0.286	0.309
	载重汽车 8t		台班	0.130	0.086	0.086	0.129	0.086	0.086
	直流弧焊机 32kV·A		台班	0.382	0.327	0.317	0.378	0.324	0.314
	电焊条烘干箱 45×35×45（cm^3）		台班	0.038	0.033	0.032	0.038	0.032	0.031

四十、紫外线消毒设备

工作内容：开箱点件、画线定位、场内运输、支架安装、调试。　　**计量单位：**模块组

编　号				6-2-420	6-2-421
项　目				紫外线消毒装置	
				1 个模块组，6 模块内	每增减 1 个模块
名　称			单位	消　耗　量	
人工	合计工日		工日	29.414	1.280
	其中	普工	工日	5.883	0.256
		一般技工	工日	20.590	0.896
		高级技工	工日	2.941	0.128
材料	镀锌扁钢 25×4		kg	1.500	—
	钢垫板 δ1~2		kg	0.300	—
	低碳钢焊条 J422 φ3.2		kg	2.850	—
	焊锡丝（综合）		kg	0.150	—
	钢锯条		条	1.500	—
	镀锌六角螺栓带螺母 2 平垫 1 弹垫 M10×100 以内		10 套	1.480	—
	六角螺栓 M12×（20~100）		套	12.000	—
	垫铁		kg	0.800	—
	自粘性橡胶带 20mm×5m		卷	0.200	—
	铁砂布 0#~2#		张	1.000	—
	细白布		m	0.200	—
	其他材料费		%	2.00	—
机械	汽车式起重机 8t		台班	0.085	—
	载重汽车 8t		台班	0.041	—
	直流弧焊机 20kV·A		台班	0.940	—
	电焊条烘干箱 45×35×45（cm^3）		台班	0.094	—

四十一、臭氧消毒设备

工作内容：场内运输、开箱检查、安装就位、找平、找正、调试。　　**计量单位：**台

编号				6-2-422	6-2-423	6-2-424	6-2-425
项目				中型臭氧发生器主机		大型臭氧发生器主机	
				空气源、氧气源（g/h 以内）		空气源、氧气源（kg/h 以内）	
				500	1 000	5	10
名称			单位	消耗量			
人工	合计工日		工日	4.646	5.337	7.497	9.951
	其中	普工	工日	0.929	1.067	1.499	1.990
		一般技工	工日	3.252	3.736	5.248	6.966
		高级技工	工日	0.465	0.534	0.750	0.995
材料	枕木		m^3	0.028	0.028	0.060	0.110
	板枋材		m^3	0.020	0.020	0.020	0.020
	低碳钢焊条 J422 ϕ3.2		kg	0.484	0.484	1.710	2.150
	镀锌铁丝 ϕ2.5~1.4		kg	2.400	2.400	1.000	1.000
	平垫铁 $0^{\#}$~$3^{\#}$ 钢 $4^{\#}$~$8^{\#}$		kg	3.724	3.724	8.600	13.650
	斜垫铁（综合）		kg	5.560	5.560	13.020	21.000
	钙基润滑脂		kg	—	—	0.180	0.200
	二硫化钼		kg	0.120	0.120	0.080	0.100
	氧气		m^3	0.268	0.268	0.330	0.470
	乙炔气		kg	0.103	0.103	0.127	0.181
	尼龙砂轮片 ϕ150		片	0.160	0.160	0.400	0.500
	其他材料费		%	2.00	2.00	2.00	2.00
机械	汽车式起重机 8t		台班	0.102	0.117	0.213	0.255
	汽车式起重机 16t		台班	—	—	0.213	0.366
	载重汽车 8t		台班	0.027	0.031	0.136	0.231
	直流弧焊机 20kV·A		台班	0.170	0.170	0.476	0.697
	电焊条烘干箱 45×35×45（cm^3）		台班	0.017	0.017	0.048	0.070

工作内容：场内运输、开箱检查、安装就位、找平、找正、调试。 **计量单位：**台

编号				6-2-426	6-2-427	6-2-428	6-2-429	6-2-430
项目				大型臭氧发生器主机				
				空气源、氧气源（kg/h 以内）				
				15	20	30	40	50
名称			单位	消耗量				
人工	合计工日		工日	12.928	16.781	21.816	25.599	29.250
	其中	普工	工日	2.586	3.356	4.363	5.120	5.850
		一般技工	工日	9.049	11.747	15.271	17.919	20.475
		高级技工	工日	1.293	1.678	2.182	2.560	2.925
材料	枕木		m^3	0.120	0.150	0.210	0.210	0.216
	板枋材		m^3	—	—	—	—	0.072
	低碳钢焊条 J422 ϕ3.2		kg	2.216	2.770	3.090	3.090	3.078
	镀锌铁丝 ϕ2.5~1.4		kg	1.600	2.000	3.000	3.000	3.600
	平垫铁 $0^{\#}$~$3^{\#}$ 钢 $4^{\#}$~$8^{\#}$		kg	20.744	25.930	43.220	43.220	41.472
	斜垫铁（综合）		kg	31.920	39.900	66.500	66.500	63.945
	钙基润滑脂		kg	0.240	0.300	0.400	0.400	0.450
	二硫化钼		kg	0.160	0.200	0.230	0.230	0.270
	氧气		m^3	1.256	1.570	2.390	2.390	2.862
	乙炔气		kg	0.483	0.604	0.919	0.919	1.101
	尼龙砂轮片 ϕ150		片	0.800	1.000	1.130	1.130	1.170
	其他材料费		%	2.00	2.00	2.00	2.00	2.00
机械	汽车式起重机 16t		台班	0.245	0.306	—	—	—
	汽车式起重机 25t		台班	0.313	0.391	0.252	0.315	0.306
	汽车式起重机 40t		台班	—	—	0.442	0.553	0.574
	平板拖车组 20t		台班	—	—	—	—	0.329
	载重汽车 10t		台班	0.245	0.306	—	—	—
	载重汽车 15t		台班	—	—	0.252	0.315	—
	直流弧焊机 20kV·A		台班	0.721	0.901	0.830	1.037	1.040
	电焊条烘干箱 45×35×45（cm^3）		台班	0.072	0.090	0.083	0.104	0.104

四十二、除 臭 设 备

工作内容: 开箱点件、基础画线、场内运输、找平找正、固定安装、调试。 **计量单位:** 台

编号				6-2-431	6-2-432	6-2-433	6-2-434	6-2-435
项目				离子除臭设备主机(风量 m^3 以内)				
				10 000	20 000	30 000	40 000	50 000
名称			单位	消耗量				
人工	合计工日		工日	2.659	2.886	4.192	4.633	5.029
	其中	普工	工日	0.532	0.577	0.838	0.927	1.006
		一般技工	工日	1.861	2.020	2.935	3.243	3.520
		高级技工	工日	0.266	0.289	0.419	0.463	0.503
材料	镀锌铁丝 ϕ2.5~1.4		kg	0.500	0.500	0.600	0.800	0.800
	其他材料费		%	1.50	1.50	1.50	1.50	1.50
机械	载重汽车 8t		台班	0.072	0.072	0.072	0.080	0.080
	叉式起重机 5t		台班	0.250	0.250	0.250	0.370	0.480

四十三、膜处理设备

1. 反渗透（纳滤）膜组件与装置

工作内容：开箱点件、基础画线、场内运输、设备吊装就位、组装、附件组装、清洗、补漆、检查、水压试验。

计量单位：套

编　　号				6-2-436
项　　目				卷式膜
				膜处理系统单元产水能力 $100m^3/h$ 以内
名　　称			单位	消　耗　量
人工	合计工日		工日	53.009
	其中	普工	工日	10.601
		一般技工	工日	37.107
		高级技工	工日	5.301
材料	热轧薄钢板 δ1.0~3.0		kg	8.250
	热轧厚钢板 δ10		kg	8.360
	不锈钢管　管外径 *D*57		m	8.800
	不锈钢管　管外径 *D*108		m	8.250
	钢筋　φ10 以内		kg	13.035
	斜垫铁（综合）		kg	12.000
	石棉橡胶板 δ3~6		kg	5.000
	镀锌薄钢板 δ0.5~0.65		kg	27.500
	酚醛调和漆		kg	24.000
	不锈钢六角螺栓　M16×45		套	30.000
	不锈钢焊条　A102　φ2.5 以内		kg	2.435
	低碳钢焊条　J422　φ3.2		kg	5.500
	道木　250×200×2 500		根	1.650
	盐（工业）		kg	165.000
	钙基润滑脂		kg	1.100
	机油　5#~7#		kg	2.475
	煤油		kg	4.400
	铅油（厚漆）		kg	1.100
	硫酸　98%		kg	10.000
	氧气		m^3	16.500
	乙炔气		kg	6.346
	白棕绳　φ40		kg	5.400
	铁砂布　0#~2#		张	22.000
	钢锯条		条	5.000
	生料带		kg	0.275
	水		m^3	44.000
	电		kW·h	16.500
	其他材料费		%	2.00
机械	汽车式起重机　8t		台班	2.750
	电动单筒慢速卷扬机　30kN		台班	5.500
	交流弧焊机　32kV·A		台班	2.750
	电动空气压缩机　$0.6m^3/min$		台班	5.500
	试压泵　25MPa		台班	2.200
	电焊条烘干箱　45×35×45（cm^3）		台班	0.275

2. 超滤(微滤)膜组件与装置

工作内容: 开箱点件、基础画线、场内运输、设备吊装就位、一次灌浆、整平、组装、附件组装、清洗、补漆、检查、水压试验。

计量单位: 套

编号				6-2-437
项目				中空纤维膜 膜处理系统单元产水能力 $300m^3/h$ 以内
名称			单位	消耗量
人工	合计工日		工日	101.199
	其中	普工	工日	20.239
		一般技工	工日	70.840
		高级技工	工日	10.120
材料	热轧薄钢板 $\delta1.0\sim3.0$		kg	15.960
	热轧厚钢板 $\delta10$		kg	15.750
	不锈钢管 管外径 273		m	16.800
	不锈钢管 管外径 377		m	15.750
	钢筋 $\phi10$ 以内		kg	24.885
	斜垫铁(综合)		kg	24.000
	石棉橡胶板 $\delta3\sim6$		kg	10.000
	镀锌薄钢板 $\delta0.5\sim0.65$		kg	52.500
	酚醛调和漆		kg	48.000
	不锈钢六角螺栓 M16×45		套	60.000
	不锈钢焊条 A102 $\phi2.5$ 以内		kg	4.648
	低碳钢焊条 J422 $\phi3.2$		kg	10.500
	道木 250×200×2 500		根	3.150
	盐(工业)		kg	315.000
	钙基润滑脂		kg	2.100
	机油 $5^{\#}\sim7^{\#}$		kg	4.725
	煤油		kg	8.400
	铅油(厚漆)		kg	2.100
	硫酸 98%		kg	20.000
	氧气		m^3	31.500
	乙炔气		kg	12.115
	白棕绳 $\phi40$		kg	10.800
	铁砂布 $0^{\#}\sim2^{\#}$		张	42.000
	钢锯条		条	10.000
	生料带		kg	0.525
	水		m^3	44.000
	电		kW·h	31.500
	其他材料费		%	2.00
机械	汽车式起重机 8t		台班	5.250
	电动单筒慢速卷扬机 30kN		台班	10.500
	交流弧焊机 32kV·A		台班	5.250
	电动空气压缩机 $0.6m^3/min$		台班	4.200
	试压泵 25MPa		台班	10.500
	电焊条烘干箱 45×35×45(cm^3)		台班	0.525

3. 膜生物反应器（MBR）

工作内容： 开箱点件、基础画线、场内运输、设备吊装就位、一次灌浆、整平、组装、附件组装、清洗、补漆、检查、水压试验。

计量单位：套

编号				6-2-438
项目				中控纤维帘式膜 膜处理系统单元产水能力 $200m^3/h$ 以内
名称			单位	消耗量
人工	合计工日		工日	67.466
	其中	普工	工日	13.493
		一般技工	工日	47.226
		高级技工	工日	6.747
材料	热轧薄钢板 δ1.0~3.0		kg	10.510
	热轧厚钢板 δ10		kg	10.650
	不锈钢管 管外径 D76		m	11.200
	不锈钢管 管外径 D108		m	10.510
	钢筋 ϕ10 以内		kg	16.598
	镀锌薄钢板 δ0.5~0.65		kg	35.000
	酚醛调和漆		kg	32.000
	不锈钢六角螺栓 M16×45		套	40.000
	不锈钢焊条 A102 ϕ2.5 以内		kg	3.100
	低碳钢焊条 J422 ϕ3.2		kg	7.000
	斜垫铁（综合）		kg	24.000
	石棉橡胶板 δ3~6		kg	10.000
	道木 250×200×2 500		根	2.100
	盐（工业）		kg	210.000
	钙基润滑脂		kg	1.400
	机油 5#~7#		kg	3.152
	煤油		kg	5.600
	铅油（厚漆）		kg	1.400
	硫酸 98%		kg	13.000
	氧气		m^3	21.011
	乙炔气		kg	8.081
	白棕绳 ϕ40		kg	7.200
	铁砂布 0#~2#		张	28.000
	钢锯条		条	7.000
	生料带		kg	0.350
	水		m^3	56.000
	电		kW·h	21.000
	其他材料费		%	2.00
机械	汽车式起重机 8t		台班	3.500
	电动单筒慢速卷扬机 30kN		台班	7.000
	交流弧焊机 32kV·A		台班	3.500
	电动空气压缩机 $0.6m^3/min$		台班	2.800
	试压泵 25MPa		台班	7.000
	电焊条烘干箱 45×35×45（cm^3）		台班	0.350

四十四、穿孔管钻孔

工作内容：切管、画线、钻孔、场内材料运输等。 **计量单位：**100 个

编 号				6-2-439	6-2-440	6-2-441	6-2-442	6-2-443	6-2-444
项 目				碳钢管（管径 mm）		不锈钢管（管径 mm）		塑料管（管径 mm）	
				200 以内	200 以外	200 以内	200 以外	100 以内	100 以外
名 称			单位	消 耗 量					
人工	合计工日		工日	0.566	0.761	0.629	0.831	0.286	0.349
	其中	普工	工日	0.113	0.152	0.126	0.166	0.057	0.070
		一般技工	工日	0.396	0.533	0.440	0.582	0.200	0.244
		高级技工	工日	0.057	0.076	0.063	0.083	0.029	0.035
材料	氧气		m^3	0.606	0.748	—	—	—	—
	乙炔气		kg	0.233	0.288	—	—	—	—
	砂轮片 ϕ200		片	—	—	0.571	1.131	—	—
	其他材料费		%	1.50	1.50	1.50	1.50	1.50	1.50
机械	立式钻床 50mm		台班	0.289	0.381	0.321	0.421	0.150	0.181
	木工圆锯机 500mm		台班	—	—	—	—	0.017	0.020
	管子切断机 250mm		台班	—	—	0.036	0.047	—	—

四十五、其 他 设 备

1. 转盘过滤器

工作内容： 开箱点件、基础画线、场内运输、安装就位、一次灌浆、精平、附件安装、清洗、加油、试运转。

计量单位： 台

			编　号		6-2-445	6-2-446	6-2-447	6-2-448	6-2-449	6-2-450
项　目					转盘过滤直径 2m		转盘过滤直径 2.5m		转盘过滤直径 3m	
					盘片 10 片内	每增加 2 片	盘片 10 片内	每增加 2 片	盘片 10 片内	每增加 2 片
名　称				单位	消　耗　量					
人工	合计工日			工日	26.987	2.700	33.064	3.307	42.100	4.210
	其中	普工		工日	5.397	0.540	6.613	0.661	8.420	0.842
		一般技工		工日	18.891	1.890	23.145	2.315	29.470	2.947
		高级技工		工日	2.699	0.270	3.306	0.331	4.210	0.421
材料	钢板 δ3~10			kg	1.200	—	2.000	—	3.400	—
	砂子（中砂）			m^3	0.009	—	0.019	—	0.029	—
	碎石 10			m^3	0.015	—	0.030	—	0.045	—
	水泥 P·O 42.5			kg	9.000	—	19.000	—	26.000	—
	木材（成材）			m^3	0.010	—	0.010	—	0.020	—
	枕木 2 000×200×200			根	0.020	—	0.040	—	0.060	—
	低碳钢焊条 J422（综合）			kg	0.400	0.040	0.600	0.060	0.800	0.080
	镀锌铁丝 ϕ2.5~1.4			kg	2.000	—	2.000	—	2.000	—
	平垫铁 Q195~Q235 1#			块	4.080	—	4.080	—	4.080	—
	斜垫铁 Q195~Q235 1#			块	8.160	—	8.160	—	8.160	—
	钙基润滑脂			kg	1.000	—	1.200	—	1.500	—
	机油 5#~7#			kg	3.000	—	3.500	—	4.000	—
	煤油			kg	1.000	—	1.200	—	1.500	—
	氧气			m^3	0.340	0.034	0.400	0.040	0.400	0.040
	乙炔气			kg	0.131	0.013	0.154	0.015	0.154	0.015
	其他材料费			%	2.00	2.00	2.00	2.00	2.00	2.00
机械	汽车式起重机 8t			台班	0.570	0.057	0.748	0.075	0.884	0.088
	载重汽车 8t			台班	0.122	0.012	0.143	0.014	0.204	0.020
	直流弧焊机 20kV·A			台班	0.088	0.009	0.131	0.013	0.174	0.017
	电焊条烘干箱 45×35×45（cm^3）			台班	0.009	0.001	0.013	0.001	0.017	0.002

2. 巴氏计量槽槽体安装

工作内容: 开箱检点、场内运输、本体安装、清理、校验、挂牌。 **计量单位:** 台

编号				6-2-451	6-2-452	6-2-453	6-2-454	6-2-455
项目				渠宽(mm 以内)				
				400	600	900	1 200	1 500
				喉宽(mm 以内)				
				51	152	300	450	600
名称			单位	消耗量				
人工	合计工日		工日	3.386	3.823	4.916	5.812	7.006
	其中	普工	工日	0.677	0.765	0.983	1.162	1.401
		一般技工	工日	2.370	2.676	3.441	4.069	4.904
		高级技工	工日	0.339	0.382	0.492	0.581	0.701
材料	低碳钢焊条 J422 ϕ3.2		kg	0.116	0.116	0.116	0.116	0.116
	六角螺栓 M10×(20~50)		套	4.000	4.000	4.000	4.000	4.000
	细白布		m	0.200	0.200	0.200	0.200	0.200
	其他材料费		%	2.00	2.00	2.00	2.00	2.00
机械	汽车式起重机 8t		台班	—	—	0.006	0.018	0.027
	载重汽车 8t		台班	—	—	0.006	0.018	0.027
	直流弧焊机 20kV·A		台班	0.018	0.018	0.018	0.018	0.018
	吊装机械(综合)		台班	—	—	0.042	0.083	0.149
	电焊条烘干箱 45×35×45(cm^3)		台班	0.002	0.002	0.002	0.002	0.002

工作内容：开箱点件、场内运输、本体安装、清理、校验、挂牌。 **计量单位：**台

编号				6-2-456	6-2-457	6-2-458	6-2-459
项目				渠宽（mm 以内）			
				1 800	2 000	2 200	3 000
				喉宽（mm 以内）			
				900	1 000	1 200	1 500
名称			单位	消耗量			
人工	合计工日		工日	10.119	11.211	11.211	11.211
	其中	普工	工日	2.024	2.242	2.242	2.242
		一般技工	工日	7.083	7.848	7.848	7.848
		高级技工	工日	1.012	1.121	1.121	1.121
材料	低碳钢焊条 J422 ϕ3.2		kg	0.116	0.116	0.204	0.204
	六角螺栓 M10×（20~50）		套	4.000	4.000	4.000	4.000
	细白布		m	0.200	0.200	0.200	0.200
	其他材料费		%	1.50	1.50	1.50	1.50
机械	汽车式起重机 8t		台班	0.062	0.081	0.109	0.124
	载重汽车 8t		台班	0.062	0.081	0.109	0.124
	直流弧焊机 20kV·A		台班	0.018	0.018	0.316	0.316
	吊装机械（综合）		台班	0.238	0.268	0.375	0.428
	电焊条烘干箱 45×35×45（cm^3）		台班	0.002	0.002	0.032	0.032

第三章　措 施 项 目

说　明

一、本章包括构筑物混凝土模板、滤鼓项目。模板分别按钢模、砖模、木模、复合模板区分不同材质分别列项，其中钢模模数差部分采用木模。

二、本章现浇、预制项目中，均已包括了钢筋垫块或第一层底浆的工料及嵌模工日，套用时不得重复计算。

三、沉井刃脚砖模板拆除部分按机械拆除考虑，人工配合部分执行第十册《拆除工程》相应项目。

四、池盖板、平板、走道板、悬空板的模板已含模板支架，消耗量综合取定，但当模板支架承重梁因现场条件、特殊要求等确不能满足模板上部混凝土重量或其他荷载组合时，可根据批准的施工组织设计调整支架消耗量。

五、有盖池体（封闭池体）（包括池内壁、隔墙、池盖、无梁盖柱）模板、支架拆除若需通过特定部位预留孔洞运出池外，增加模板、支架的池内及出洞口运输时，可根据批准的施工组织设计另行计算。

六、预制构件模板中未包括地、胎模，发生时执行第三册《桥涵工程》相应项目。

七、模板安拆以槽（坑）深 3m 为准，超过 3m 时，人工乘以系数 1.08，其他不变。现浇混凝土池壁（隔墙）、池盖、柱、梁、板的模板，支模高度按 3.6m 编制，超过 3.6m 时，超出部分的工程量另按相应超高项目执行。

八、小型构件是指单个体积在 $0.05m^3$ 以内的构件。

九、折线池壁按直行池壁和弧形池壁相应项目的平均值计算。

十、扶壁柱、小型矩形柱、小梁执行本章“小型构件”项目。

十一、滤鼓项目中焊接钢管消耗量按一般情况综合取定，实际不同时，均按本章相应项目执行。

工程量计算规则

一、现浇混凝土构件模板按构件混凝土与模板的接触面以面积计算。不扣除单孔面积 $0.3m^2$ 以内预留孔洞的面积,洞侧壁模板亦不另行增加。

二、沉井刃脚砖模板按设计图示尺寸以体积计算。

三、预制混凝土构件模板按设计图示尺寸以体积计算。

四、池壁、池盖后浇带模板工程量按后浇部分混凝土体积计算。

五、井底流槽按浇筑的混凝土流槽与模板的接触面积计算。

六、滤鼓区分不同直径以“个”计算。

一、现浇混凝土模板工程

1. 基础垫层模板

工作内容：模板制作、安装、拆除，清理杂物、刷隔离剂、整理堆放。　　**计量单位：**$100m^2$

编　号				6-3-1
项　目				沉井刃脚 钢模板
名　称			单位	消　耗　量
人工	合计工日		工日	37.387
	其中	普工	工日	14.955
		一般技工	工日	22.432
材料	钢模板		kg	57.900
	木模板		m^3	2.400
	钢支撑		kg	44.100
	抹灰水泥砂浆　1∶2		m^3	0.012
	尼龙帽		个	55.500
	脱模剂		kg	10.000
	其他材料费		%	1.50
机械	载重汽车　8t		台班	0.720
	木工圆锯机　500mm		台班	2.900

工作内容: 调制砂浆、砌砖、抹灰、拆除、清理。 **计量单位:** $10m^3$

编号				6-3-2
项目				沉井刃脚 砖模板
名称			单位	消耗量
人工	合计工日		工日	12.465
	其中	普工	工日	4.986
		一般技工	工日	7.479
材料	混凝土实心砖 240×115×53		千块	5.290
	干混砌筑砂浆 DM M7.5		m^3	5.010
	水		m^3	1.650
	其他材料费		%	1.50
机械	干混砂浆罐式搅拌机		台班	0.205
	履带式单斗液压挖掘机 $0.6m^3$		台班	0.218
	液压锤 HM960		台班	0.218
	汽车式起重机 25t		台班	0.231

工作内容：模板制作、安装、拆除，清理杂物、刷隔离剂、整理堆放。 **计量单位：**$100m^2$

编号				6-3-3	6-3-4	6-3-5	6-3-6	6-3-7
项目				木模	复合模板		钢模	
				混凝土基础垫层	设备基础（单体在 $5m^3$ 以内）	设备基础（单体在 $5m^3$ 以外）	设备基础（单体在 $5m^3$ 以内）	设备基础（单体在 $5m^3$ 以外）
名称			单位	消耗量				
人工	合计工日		工日	8.968	22.689	22.785	37.622	36.930
	其中	普工	工日	3.588	9.075	9.114	15.049	14.772
		一般技工	工日	5.380	13.614	13.671	22.573	22.158
材料	镀锌铁丝 $\phi0.7$		kg	0.180	23.190	8.610	—	—
	镀锌铁丝 $\phi3.5$		kg	—	—	—	19.050	23.430
	干混抹灰砂浆 DP M20		m^3	0.012	—	—	—	—
	圆钉		kg	19.730	18.550	11.860	6.640	8.500
	木模板		m^3	0.976	0.120	0.089	0.120	0.089
	脱模剂		kg	10.000	10.000	10.000	10.000	10.000
	草板纸 $80^{\#}$		张	—	30.000	30.000	30.000	30.000
	钢模板		kg	—	1.780	1.520	68.530	68.030
	复合模板		m^2	—	21.000	21.000	—	—
	零星卡具		kg	—	35.330	27.570	42.950	32.630
	钢支撑		kg	—	—	—	27.980	30.870
	木支撑		m^3	—	—	—	0.109	0.216
	铁件（综合）		kg	—	—	—	3.710	9.490
	其他材料费		%	1.50	1.50	1.50	1.50	1.50
机械	载重汽车 8t		台班	0.079	0.150	0.136	0.208	0.152
	汽车式起重机 8t		台班	—	0.063	0.086	0.142	0.097
	木工圆锯机 500mm		台班	0.142	0.026	0.036	0.030	0.040

2. 构筑物及池类

(1)池　　底

工作内容：模板制作、安装、拆除，清理杂物、刷隔离剂、整理堆放。　　**计量单位：**$100m^2$

编号			6-3-8	6-3-9	6-3-10
项目			平池底钢模	平池底木模	锥形池底木模
名称		单位	消耗量		
人工	合计工日	工日	31.082	34.657	29.145
	其中 普工	工日	12.433	13.863	11.658
	其中 一般技工	工日	18.649	20.794	17.487
材料	混凝土垫块	m^3	(0.137)	(0.137)	—
	镀锌铁丝 ϕ3.5	kg	66.033	—	—
	圆钉	kg	11.924	28.336	14.035
	嵌缝料	kg	—	10.000	10.000
	草板纸 80#	张	30.000	—	—
	钢模板	kg	70.761	—	—
	木模板	m^3	0.011	0.756	2.370
	木支撑	m^3	0.336	0.339	0.373
	零星卡具	kg	19.074	—	—
	脱模剂	kg	10.000	10.000	10.000
	其他材料费	%	1.50	1.50	1.50
机械	汽车式起重机 8t	台班	0.071	—	—
	载重汽车 8t	台班	0.201	0.237	0.480
	木工圆锯机 500mm	台班	0.027	0.504	0.487
	木工双面压刨床 600mm	台班	—	0.478	0.478

（2）池壁（隔墙）

工作内容：模板制作、安装、拆除，清理杂物、刷隔离剂、整理堆放。　　　**计量单位：**100m²

编号				6-3-11	6-3-12	6-3-13	6-3-14	6-3-15
项目				钢模	木模		钢支撑	木支撑
				矩形池壁		圆形池壁	支模高度超过3.6m，每增1m	
名称			单位	消耗量				
人工	合计工日		工日	25.595	21.200	32.108	1.328	1.328
	其中	普工	工日	10.238	8.480	12.843	0.531	0.531
		一般技工	工日	15.357	12.720	19.265	0.797	0.797
材料	镀锌铁丝 ϕ3.5		kg	0.677	5.980	10.534	—	—
	圆钉		kg	0.286	13.821	15.739	—	2.420
	铁件（综合）		kg	6.777	13.645	—	—	—
	嵌缝料		kg	—	10.000	10.000	—	—
	草板纸 80#		张	30.000	—	—	—	—
	钢模板		kg	71.841	—	—	—	—
	木模板		m^3	0.004	0.622	0.812	—	—
	钢支撑		kg	28.684	—	—	1.850	—
	木支撑		m^3	—	0.587	0.582	0.001	0.047
	零星卡具		kg	52.867	4.320	85.150	—	—
	尼龙帽 ϕ1.5		个	79.000	—	—	—	—
	脱模剂		kg	10.000	10.000	10.000	—	—
	其他材料费		%	1.50	1.50	1.50	1.50	1.50
机械	汽车式起重机 8t		台班	0.150	—	—	0.009	—
	载重汽车 8t		台班	0.179	0.344	0.301	0.007	0.007
	木工圆锯机 500mm		台班	0.009	0.717	1.132	—	0.018
	木工双面压刨床 600mm		台班	—	0.478	0.478	—	—

工作内容：模板制作、安装、拆除，清理杂物、刷隔离剂、整理堆放。

计量单位：10m^3

编号				6-3-16
项目				池壁后浇带
				木模
名称			单位	消耗量
人工	合计工日		工日	34.705
	其中	普工	工日	13.882
		一般技工	工日	20.823
材料	圆钉		kg	18.816
	木模板		m^3	1.115
	脱模剂		kg	7.080
	其他材料费		%	1.50
机械	载重汽车 8t		台班	0.288
	木工圆锯机 500mm		台班	3.708
	木工双面压刨床 600mm		台班	0.050

（3）池　盖

工作内容：模板制作、安装、拆除，清理杂物、刷隔离剂、整理堆放。　　**计量单位：**$100m^2$

编号				6-3-17	6-3-18	6-3-19	6-3-20	6-3-21
项目				无梁池盖		肋形池盖		球形池盖
				木模	复合模板	木模	复合模板	木模
名称			单位	消耗量				
人工	合计工日		工日	30.471	24.142	26.679	22.729	58.333
	其中	普工	工日	12.189	9.657	10.672	9.092	23.333
		一般技工	工日	18.282	14.485	16.007	13.637	35.000
材料	镀锌铁丝 ϕ3.5		kg	1.559	1.559	—	—	—
	镀锌铁丝 ϕ0.7		kg	0.177	0.177	—	—	—
	干混抹灰砂浆 DP M20		m^3	0.003	0.003	—	—	—
	圆钉		kg	42.024	20.340	21.808	21.200	14.880
	铁件（综合）		kg	—	—	—	—	19.130
	嵌缝料		kg	10.000	—	10.000	—	—
	草板纸 80#		张	—	30.000	—	—	—
	木模板		m^3	0.960	0.600	1.056	0.878	2.232
	复合模板		m^2	—	21.000	—	21.000	—
	木支撑		m^3	1.286	1.123	1.415	1.235	—
	零星卡具		kg	—	14.231	—	—	—
	脱模剂		kg	10.000	10.000	10.000	10.000	10.000
	水		m^3	0.001	0.001	—	—	—
	其他材料费		%	1.50	1.50	1.50	1.50	1.50
机械	汽车式起重机 8t		台班	—	0.062	—	—	—
	载重汽车 8t		台班	0.509	0.459	0.222	0.272	0.323
	木工圆锯机 500mm		台班	0.717	0.053	0.787	0.778	3.326
	木工双面压刨床 600mm		台班	0.478	—	0.478	0.469	0.478

工作内容:模板制作、安装、拆除,清理杂物、刷隔离剂、整理堆放。 **计量单位:**$100m^2$

编号				6-3-22
项目				池盖支模高度超过 3.6m,每增 1m
				木支撑
名称			单位	消耗量
人工	合计工日		工日	4.979
	其中	普工	工日	1.992
		一般技工	工日	2.987
材料	圆钉		kg	3.350
	木支撑		m^3	0.210
	其他材料费		%	1.50
机械	载重汽车 8t		台班	0.036
	木工圆锯机 500mm		台班	0.088

工作内容:模板制作、安装、拆除,清理杂物、刷隔离剂、整理堆放。 **计量单位:**$10m^3$

编号				6-3-23
项目				池盖后浇带
				木模
名称			单位	消耗量
人工	合计工日		工日	31.389
	其中	普工	工日	12.556
		一般技工	工日	18.833
材料	圆钉		kg	27.987
	木模板		m^3	1.588
	脱模剂		kg	9.560
	其他材料费		%	1.50
机械	载重汽车 8t		台班	0.346
	木工圆锯机 500mm		台班	2.610
	木工双面压刨床 600mm		台班	0.030

(4)柱、梁

工作内容：模板制作、安装、拆除，清理杂物、刷隔离剂、整理堆放。　　**计量单位：**$100m^2$

				6-3-24	6-3-25	6-3-26	6-3-27	6-3-28
编号				6-3-24	6-3-25	6-3-26	6-3-27	6-3-28
项目				无梁盖柱		矩形柱		圆形柱、异型柱
				钢模	木模	钢模	复合模板	木模
名称			单位	消耗量				
人工	合计工日		工日	42.750	45.537	28.632	24.304	42.550
	其中	普工	工日	17.100	18.215	11.453	9.722	17.020
		一般技工	工日	25.650	27.322	17.179	14.582	25.530
材料	镀锌铁丝 $\phi3.5$		kg	—	52.783	—	—	9.306
	圆钉		kg	29.631	76.286	1.800	4.020	48.490
	铁件（综合）		kg	—	—	—	11.420	—
	嵌缝料		kg	—	10.000	—	—	10.000
	草板纸 80#		张	30.000	—	30.000	30.000	—
	钢模板		kg	68.276	—	78.090	10.340	—
	木模板		m^3	0.328	0.172	0.130	0.064	1.140
	复合模板		m^2	—	—	—	21.000	—
	钢支撑		kg	62.963	—	45.940	—	—
	木支撑		m^3	0.303	1.006	0.182	0.519	0.700
	零星卡具		kg	52.795	—	66.740	60.500	—
	脱模剂		kg	10.000	10.000	10.000	10.000	10.000
	其他材料费		%	1.50	1.50	1.50	1.50	1.50
机械	汽车式起重机 8t		台班	0.159	—	0.159	0.097	—
	载重汽车 8t		台班	0.351	0.459	0.201	0.201	0.251
	木工圆锯机 500mm		台班	1.008	1.433	0.053	0.053	1.645
	木工双面压刨床 600mm		台班	—	0.478	—	—	—

工作内容：模板制作、安装、拆除，清理杂物、刷隔离剂、整理堆放。 **计量单位：**$100m^2$

编号				6-3-29	6-3-30
项目				柱支模高度超过 3.6m，每增 1m	
				钢支撑	木支撑
名称			单位	消耗量	
人工	合计工日		工日	2.192	2.192
	其中	普工	工日	0.877	0.877
		一般技工	工日	1.315	1.315
材料	圆钉		kg	—	3.350
	钢支撑		kg	3.370	—
	木支撑		m^3	0.021	0.109
	其他材料费		%	1.50	1.50
机械	汽车式起重机 8t		台班	0.004	—
	载重汽车 8t		台班	0.007	0.007
	木工圆锯机 500mm		台班	0.009	0.044

工作内容：模板制作、安装、拆除，清理杂物、刷隔离剂、整理堆放。　　**计量单位：**$100m^2$

编号				6-3-31	6-3-32	6-3-33	6-3-34
项目				连续梁、单梁		池壁基梁	异型梁
				钢模	复合模板	木模	
名称			单位	消耗量			
人工	合计工日		工日	34.644	30.275	49.478	37.833
	其中	普工	工日	13.858	12.110	19.791	15.133
		一般技工	工日	20.786	18.165	29.687	22.700
材料	镀锌铁丝 ϕ3.5		kg	15.758	—	—	32.565
	镀锌铁丝 ϕ0.7		kg	0.177	0.177	—	0.177
	干混抹灰砂浆 DP M20		m^3	0.012	0.012	—	0.012
	圆钉		kg	0.470	36.240	19.931	73.740
	铁件（综合）		kg	—	4.150	—	—
	嵌缝料		kg	—	—	10.000	10.000
	草板纸 80#		张	30.000	30.000	—	—
	钢模板		kg	77.340	7.230	—	—
	木模板		m^3	0.017	0.017	0.725	1.183
	复合模板		m^2	—	21.000	—	—
	钢支撑		kg	69.474	—	—	—
	木支撑		m^3	0.029	0.914	0.996	1.087
	梁卡具（模板用）		kg	26.190	—	—	—
	零星卡具		kg	41.100	36.550	—	—
	尼龙帽 ϕ1.5		个	37.000	37.000	—	—
	脱模剂		kg	10.000	10.000	10.000	10.000
	水		m^3	0.003	0.003	—	0.003
	其他材料费		%	1.50	1.50	1.50	1.50
机械	汽车式起重机 8t		台班	0.177	0.088	—	—
	载重汽车 8t		台班	0.237	0.272	0.409	0.222
	木工圆锯机 500mm		台班	0.035	0.327	1.805	1.026
	木工双面压刨床 600mm		台班	—	—	0.478	—

工作内容：模板制作、安装、拆除，清理杂物、刷隔离剂、整理堆放。 **计量单位**：$100m^2$

编号				6-3-35	6-3-36
项目				梁支模高度超过 3.6m，每增 1m	
				钢支撑	木支撑
名称			单位	消耗量	
人工	合计工日		工日	4.008	4.940
	其中	普工	工日	1.603	1.976
		一般技工	工日	2.405	2.964
材料	圆钉		kg	—	2.260
	钢支撑		kg	9.000	—
	木支撑		m^3	—	0.174
	其他材料费		%	1.50	1.50
机械	汽车式起重机 8t		台班	0.027	—
	载重汽车 8t		台班	0.036	0.029
	木工圆锯机 500mm		台班	—	0.071

(5)板

工作内容：模板制作、安装、拆除，清理杂物、刷隔离剂、整理堆放。　　**计量单位：**100m²

编号				6-3-37	6-3-38	6-3-39	6-3-40	6-3-41
项目				平板、走道板		悬空板		挡水板
				钢模	复合模板	钢模	复合模板	木模
名称			单位	消耗量				
人工	合计工日		工日	25.274	21.990	27.499	23.853	47.530
	其中	普工	工日	10.110	8.796	11.000	9.541	19.012
		一般技工	工日	15.164	13.194	16.499	14.312	28.518
材料	镀锌铁丝 ϕ3.5		kg	—	—	—	—	9.757
	镀锌铁丝 ϕ0.7		kg	0.177	0.177	0.177	0.177	—
	干混抹灰砂浆 DP M20		m^3	0.003	0.003	0.003	0.003	—
	圆钉		kg	1.790	19.790	9.100	19.960	27.510
	铁件(综合)		kg	—	—	—	—	7.970
	嵌缝料		kg	—	—	—	—	10.000
	草板纸 80#		张	30.000	30.000	30.000	30.000	—
	钢模板		kg	68.280	—	56.710	—	—
	木模板		m^3	0.130	0.051	0.182	0.182	1.133
	复合模板		m^2	—	21.000	—	21.000	—
	钢支撑		kg	48.010	—	34.250	—	—
	木支撑		m^3	0.231	1.050	0.303	0.811	0.838
	零星卡具		kg	27.660	27.660	26.090	26.090	2.530
	脱模剂		kg	10.000	10.000	10.000	10.000	10.000
	水		m^3	0.001	0.001	0.001	0.001	9.757
	其他材料费		%	1.50	1.50	1.50	1.50	1.50
机械	汽车式起重机 8t		台班	0.177	0.071	0.133	0.062	—
	载重汽车 8t		台班	0.244	0.272	0.222	0.229	0.186
	木工圆锯机 500mm		台班	0.080	0.080	0.221	0.221	2.194

工作内容：模板制作、安装、拆除，清理杂物、刷隔离剂、整理堆放。 **计量单位：**$100m^2$

编号				6-3-42	6-3-43
项目				板支模高度超过 3.6m，每增 1m	
				钢支撑	木支撑
名称			单位	消耗量	
人工	合计工日		工日	4.579	4.618
	其中	普工	工日	1.832	1.847
		一般技工	工日	2.747	2.771
材料	圆钉		kg	—	3.350
	钢支撑		kg	7.740	—
	木支撑		m^3	—	0.210
	其他材料费		%	1.50	1.50
机械	汽车式起重机 8t		台班	0.018	—
	载重汽车 8t		台班	0.029	0.036
	木工圆锯机 500mm		台班	—	0.088

（6）池　　槽

工作内容：模板制作、安装、拆除，清理杂物、刷隔离剂、整理堆放。

编　　号				6-3-44	6-3-45	6-3-46	6-3-47	6-3-48	6-3-49
项　　目				配水槽、出水槽木模	沉淀池木模	澄清池反应筒壁钢模	澄清池反应筒壁复合模板	导流墙（筒）木模	小型池槽木模
				100m^2					10m^3
名　　称			单位	消　耗　量					
人工	合计工日		工日	37.411	36.495	24.930	21.276	20.078	37.450
	其中	普工	工日	14.964	14.598	9.972	8.510	8.031	14.980
		一般技工	工日	22.447	21.897	14.958	12.766	12.047	22.470
材料	镀锌铁丝 ϕ3.5		kg	—	—	—	36.860	24.014	—
	圆钉		kg	42.040	13.005	9.880	10.580	17.960	45.100
	铁件（综合）		kg	—	—	6.770	6.770	7.970	—
	嵌缝料		kg	10.000	10.000	—	—	10.000	7.300
	草板纸 80#		张	—	—	30.000	30.000	—	—
	钢模板		kg	—	—	65.760	—	—	—
	木模板		m^3	0.841	1.099	0.149	0.149	1.475	1.320
	复合模板		m^2	—	—	—	21.000	—	—
	钢支撑		kg	—	—	19.380	—	—	—
	木支撑		m^3	0.387	1.388	—	0.298	0.243	0.340
	零星卡具		kg	—	—	38.990	30.570	1.510	—
	尼龙帽 ϕ1.5		个	—	—	50.000	50.000	—	—
	脱模剂		kg	10.000	10.000	10.000	10.000	10.000	7.300
	其他材料费		%	1.50	1.50	1.50	1.50	1.50	1.50
机械	汽车式起重机 8t		台班	—	—	0.115	0.071	—	—
	载重汽车 8t		台班	0.143	0.165	0.158	0.158	0.122	0.301
	木工圆锯机 500mm		台班	1.822	1.070	0.027	0.027	0.292	0.672
	木工双面压刨床 600mm		台班	—	0.478	—	—	—	—

3. 其　　他

工作内容：模板制作、安装、拆除，清理杂物、刷隔离剂、整理堆放。　　**计量单位：**$100m^2$

编　　号				6-3-50	6-3-51
项　　目				井底流槽	小型构件
				木模	
名　　称			单位	消　耗　量	
人工	合计工日		工日	23.582	33.242
	其中	普工	工日	9.433	13.297
		一般技工	工日	14.149	19.945
材料	圆钉		kg	35.414	76.090
	嵌缝料		kg	—	10.000
	木模板		m^3	0.705	0.985
	木支撑		m^3	—	0.500
	脱模剂		kg	10.000	10.000
	其他材料费		%	1.50	1.50
机械	载重汽车 8t		台班	0.186	—
	木工圆锯机 500mm		台班	0.780	—

二、预制混凝土模板工程

1. 构筑物及池类

（1）壁　　板

工作内容：模板安装、清理、刷隔离剂、拆除、整理堆放。　　**计量单位：**$10m^3$

编　号				6-3-52	6-3-53	6-3-54	6-3-55
项　目				滤板穿孔板木模	稳流板木模	壁（隔）板木模	挡水板木模
名　称			单位	消　耗　量			
人工	合计工日		工日	82.175	6.395	4.626	4.245
	其中	普工	工日	32.870	2.558	1.850	1.698
		一般技工	工日	49.305	3.837	2.776	2.547
材料	镀锌铁丝 ϕ0.7		kg	0.960	0.530	0.873	0.402
	干混抹灰砂浆 DP M20		m^3	0.060	0.030	0.050	0.020
	圆钉		kg	81.610	5.540	5.477	2.330
	木模板		m^3	4.452	0.320	0.345	0.142
	脱模剂		kg	49.150	7.880	7.080	4.370
	水		m^3	0.015	0.007	0.012	0.005
	其他材料费		%	1.50	1.50	1.50	1.50
机械	木工圆锯机 500mm		台班	0.929	0.053	0.044	0.018
	木工双面压刨床 600mm		台班	0.929	0.053	0.044	0.018

(2)池　　槽

工作内容：模板安装、清理、刷隔离剂、拆除、整理堆放。　　　　**计量单位：**10m³

编　　号				6-3-56	6-3-57
项　　目				集水槽、辐射槽木模	小型池槽木模
名　　称			单位	消　耗　量	
人工	合计工日		工日	12.495	13.518
	其中	普工	工日	4.998	5.407
		一般技工	工日	7.497	8.111
材料	镀锌铁丝 ϕ0.7		kg	0.235	0.253
	干混抹灰砂浆 DP M20		m^3	0.010	0.033
	圆钉		kg	4.040	8.344
	木模板		m^3	0.990	1.180
	脱模剂		kg	11.100	10.000
	水		m^3	0.002	0.005
	其他材料费		%	1.50	1.50
机械	木工圆锯机 500mm		台班	0.142	0.150
	木工双面压刨床 600mm		台班	0.124	0.150

2. 其　他

工作内容：模板安装、清理、刷隔离剂、拆除、整理堆放、场内运输。　　**计量单位**：10m³

编　号			6-3-58
项　目			小型构件木模
名　称		单位	消　耗　量
人工	合计工日	工日	30.128
	其中 普工	工日	12.051
	其中 一般技工	工日	18.077
材料	镀锌铁丝 φ0.7	kg	0.989
	干混抹灰砂浆 DP M20	m³	0.060
	圆钉	kg	20.716
	木模板	m³	1.799
	脱模剂	kg	21.070
	水	m³	0.015
	其他材料费	%	1.50
机械	木工圆锯机 500mm	台班	0.487
	木工双面压刨床 600mm	台班	0.487

三、滤　　鼓

工作内容：预埋钢管、填充及清理碎石。　　**计量单位**：个

编　号			6-3-59	6-3-60	6-3-61
项　目			滤鼓 *DN*300	滤鼓 *DN*400	滤鼓 *DN*500
名　称		单位	消　耗　量		
人工	合计工日	工日	2.371	2.489	2.608
	其中 普工	工日	0.948	0.995	1.043
	其中 一般技工	工日	1.423	1.494	1.565
材料	焊接钢管 *DN*300	m	0.816	—	—
	焊接钢管 *DN*400	m	—	0.816	—
	焊接钢管 *DN*500	m	—	—	0.816
	碎石 20~40	m³	0.172	0.302	0.472
	砂子（中粗砂）	m³	0.010	0.011	0.012
	其他材料费	%	2.00	2.00	2.00
机械	电动多级离心清水泵 150mm 180m 以下	台班	0.021	0.037	0.057

主编单位：湖北省建设工程标准定额管理总站

专业主编单位：武汉市政工程设计研究院有限责任公司

参编单位：中建三局绿色产业投资有限公司
中冶南方工程技术有限公司
武汉华莱士工程造价咨询管理有限公司
苏伊士水务工程有限责任公司

计价依据编制审查委员会综合协商组：胡传海　王海宏　吴佐民　王中和　董士波　冯志祥　褚得成　刘中强　龚桂林　薛长立　杨廷珍　汪亚峰　蒋玉翠　汪一江

计价依据编制审查委员会专业咨询组：杨廷珍　汪一江　潘卓强　杜浐阳　庞宗琨　王　梅　高雄映

编制人员：武兴治　汪　翀　杨丹琳　杨亚文　熊淑芳　付建华　杨振宇　饶世雄　邹慧君　王　翔　韩　岳　仲　思　宋　娇　胡莛军　曾　文　郑金门　朱润喆　邓雅萌　颜　森　谢路阳　胡谋东　孙　涛　陈佳妮　朱西俊　左卫军　胡　洁　汪　阳　黄　橙　许　娜　李红玲　姚国佳　江期瑞　张海亮

审查专家：李木盛　薛长立　蒋玉翠　张　鑫　司继彬　张永红　俞　敏

软件支持单位：成都鹏业软件股份有限公司

软件操作人员：杜　彬　赖勇军　可　伟　孟　涛